最新 電腦網路概論與實務
Computer Networks Fundamentals & Practices

李保宜　編著

序

　　企業的選人用才除了審視應試者的學經歷之外，個人的知識涵養及專業技能亦是相當重要的參考條件，透過技能學習並考取具有公信力的相關證照，是證明個人擁有該項專業能力的一種方式，除了取信於人之外，亦可檢視自身能力是否能達到業界要求。

　　「MCT 元宇宙應用國際認證」的發證單位為荷蘭 IPOE 艾葆科教基金會，在技術不斷進步的現代社會中，對於掌握數位新趨勢的人才需求與日俱增，本認證為學習者提供了一個涵蓋計算機基礎、資訊科技及虛擬實境（VR）、擴增實境（AR）、區塊鏈、人工智慧等元宇宙的學習體系。此認證的目標是培育能夠理解並應用這些關鍵知識與技術的專業人才，以適應不斷變化的數位工作環境，並在職業生涯中追求進步和創新。

　　艾葆科教基金會（Stichting IPOE Education Foundation）是一個致力於推動教育與科技融合發展的非營利組織。基金會的目標是促進教育創新，推動資訊科技能夠應用到教育領域，並為教師、學生及其他教育工作者提供專業發展的資源和協助。基金會透過舉辦各種培訓、工作坊、講座和認證課程，幫助教育工作者提升他們的專業技能。

　　在 IT 行業中擔任電子商務、動畫設計、網路管理、安全管理、網站設計、網站開發、手機 APP 行動通訊設計等職務的專業人員，能透過 MCT 證照以檢核其職業技能之資格。

　　本書主要是針對「網路原理與應用（Specialist Level）」進行各項能力指標的相關教學，以培養讀者在網路運用上的基本能力及學習相關技術，並制訂 MCT 模擬試題，期能幫助讀者順利通過認證，成為國際認證的網路技術工程師。

李保宜

目錄

Chapter 1 電腦網路原理
1.1 電腦網路型態 … 2
1.2 資料傳輸方式 … 9

Chapter 2 電腦網路架構
2.1 有線傳輸媒體 … 20
2.2 無線傳輸媒體 … 29
2.3 網路拓樸 … 39
2.4 乙太網路與頻寬 … 44
2.5 網路設備 … 47
2.6 ISO/OSI 模型與 DoD 模型 … 57

Chapter 3 電腦網路應用
3.1 網路伺服器與網路架構 … 70
3.2 IP Address 與 Mac Address … 77
3.3 常用網路指令 … 87
3.4 網域名稱 … 89
3.5 網路專線與雲端服務 … 94
3.6 行動裝置應用 … 98
3.7 電子郵件 … 100
3.8 顧客關係管理 … 107

Chapter 4 電腦軟硬體維護與安全防護

4.1 系統軟體與記憶體　　　　　112
4.2 安全防護技術　　　　　　　126

Chapter 5 加密技術與網路攻擊

5.1 加密技術　　　　　　　　　134
5.2 病毒與駭客攻擊　　　　　　142

附錄

模擬試題解答與解析　　　　　　161

CONTENTS

Chapter 1

電腦網路原理

本章節次

- 1.1 電腦網路型態
- 1.2 資料傳輸方式

1.1 電腦網路型態

1.1.1 網路興起與功能

1 網路興起

現今網際網路的前身是美國國防部（United States Department of Defense，簡稱 DoD 或 DOD）的 ARPANet。

西元 1950 年代的冷戰時期，美國相信若擁有最新的資訊科技，將可以掌控戰局的一切，因此研發分封交換（Packet Switch）技術來傳輸資料，目的是當部分網路設備遭到敵方破壞時，資料仍可透過其他網路設備進行傳輸。

冷戰結束之後，美國國防部決定開放 ARPANet 給民營機構研發使用，隨著路由器及閘道器的研發，開始串聯起各地的網路設備及線上資源，並蓬勃發展成現今的 Internet。

科技的進步使得網路從早期僅能傳輸文字資料，進展成可以傳輸多媒體資料，再到目前能將資料以雲端方式進行應用的階段，因此網路型態的演進時序為「資訊化」→「網路化」→「網際化」→「雲端化」。而隨著 5G 網路普及，使得網路速度大幅提升，「雲端化」進一步加速了資料處理與應用的轉型。5G 網路的高速傳輸和低延遲特性使得雲端服務的效能顯著增強，無論是數據存儲、計算處理還是即時分析，都能在幾乎無延遲的情況下進行，從而支持更多高頻寬需求的應用。

2 網路功能

網路主要的兩大功能為「資源分享」及「訊息傳遞」。

▶ **資源分享**

透過網路分享軟硬體資源（例如：雲端軟體、網路硬碟、網路印表機等等），以及分享線上知識（即時新聞、維基百科、政府公告等等）。

▶ **訊息傳遞**

透過網路傳遞訊息（例如：視訊會議、網路電話、網路訊息等等）。

電腦網路原理

除了上述「資源分享」和「訊息傳遞」的兩大功能之外，網路在 5G 技術普及下，從而增強了許多新的應用場景和需求。以下是 5G 技術網路的其他主要功能。

▶ 超高速資料傳輸

5G 網路提供極高的傳輸速度，理論上的下載速度可達 10 Gbps 以上，比 4G 快數十倍，這使得大規模數據交換和高解析度的多媒體資料（如 4K、8K 影片）的即時傳輸成為可能。這對於即時影音串流、虛擬現實（VR）和增強現實（AR）等應用至關重要。

▶ 超低延遲

5G 網路的延遲大幅降低，達到 1 毫秒的級別。這對於需要即時反應的應用非常重要，例如自駕車、遠端手術和智慧工廠。5G 技術的低延遲使得設備之間能夠即時交換數據，實現即時控制和反應。

▶ 大規模設備連接

5G 網路支持每平方公里可連接超過 100 萬個設備，遠高於 4G 的設備連接密度。這使得物聯網（IoT）設備能夠在城市、工業和家庭中進行大規模連接。無論是智慧家居、智慧城市還是智能農業，5G 都能有效支援大量設備的同時運行。

▶ 邊緣計算（Edge Computing）

在 5G 技術下，邊緣計算的應用得到極大提升。5G 網路不僅是傳輸數據，還支援將數據處理和分析移到網路邊緣（即更靠近終端用戶的地方）。這樣可以減少數據傳輸的延遲，實現即時處理，特別適用於需要低延遲的應用，例如智慧工廠和即時監控等。

▶ 提升的可靠性和安全性

5G 技術在安全性上做出了重大改進，支援更強的加密和更嚴格的認證機制，這對於企業級應用和敏感資料的傳輸至關重要。此外，5G 網路具有更高的可靠性，能確保關鍵應用如醫療、金融等行業的穩定運行。

1.1.2 網路型態與範圍

1 個人區域網路（Personal Area Network, PAN）

為最小範圍的網路，主要為個人使用，例如手機與電腦連接，或是手機與藍牙設備連接等所形成的網路範圍，速度最快，成本也最低。在現今物聯網（IoT）的應用上，PAN 被廣泛應用於智慧型家居與穿戴設備的通信，例如智慧手錶、健身手環、智慧家電等。

PAN 通常使用無線技術，如：Bluetooth、ZigBee、NFC（近場通信）或 Wi-Fi Direct，實現設備之間的快速連接與數據交換。這種網路型態特別適合短距離內低功耗裝置之間的通信，應用範圍涵蓋以下場景：

1. **智慧生活**：連接手機與耳機、鍵盤、滑鼠等外部設備。
2. **健康監控**：穿戴式設備監測心率、步數、睡眠等數據，並透過 PAN 與手機應用同步。
3. **智慧家居**：透過 Bluetooth 或 ZigBee 控制智慧燈泡、冷暖氣機、智慧冰箱等家居設備。

2 區域網路（Local Area Network, LAN）

在有限範圍之內，由兩台以上電腦所形成的網路範圍，例如家庭網路、電腦教室、辦公室網路等。

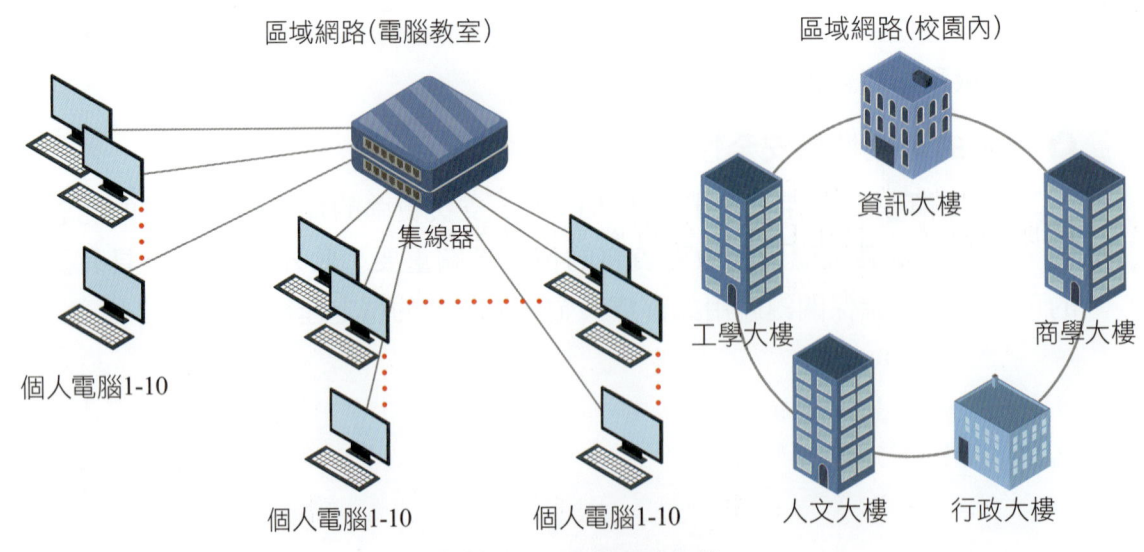

▲ 圖 1-1　區域網路架構

3 都會網路（Metropolitan Area Network, MAN）

以城鎮或都市為範圍所形成的網路。

常見應用為公共區域範圍的免費上網，連上無線基地台之後，不需再次登入，即可在所設定的範圍內連線上網；例如臺北「Taipei Free」或是臺灣「iTaiwan」提供民眾可在全臺公家機關免費無線上網。

▲ 圖 1-2　公家機關的 i-Taiwan 網標示

都會網路（MAN）是一種專為城市及都市區域設計的網路系統，它提供高速、穩定、可靠的數據連接服務，並支援大範圍的商業、政府及公共服務。隨著 5G 和物聯網技術的發展，MAN 的應用範圍與其加值應用將不斷增加，並成為智慧城市和現代化基礎設施的關鍵組成要素。

4 廣域網路（Wide Area Network, WAN）

透過路由器（Router）連結各地的都會網路或區域網路，形成一個跨國際的網路連線；建置成本最高，速度最慢，例如：網際網路。

5 其他網路型態

▶ 企業內部網路（Intranet）

一個外界無法存取的企業或組織內部網路，通常以防火牆（Firewall）隔絕外界連線；由 LAN + Firewall 所組成，其受到嚴格的存取控制，僅允許授權的內部員工和相關成員進入，並在 LAN 內部實施零信任架構（Zero Trust Architecture, ZTA）。

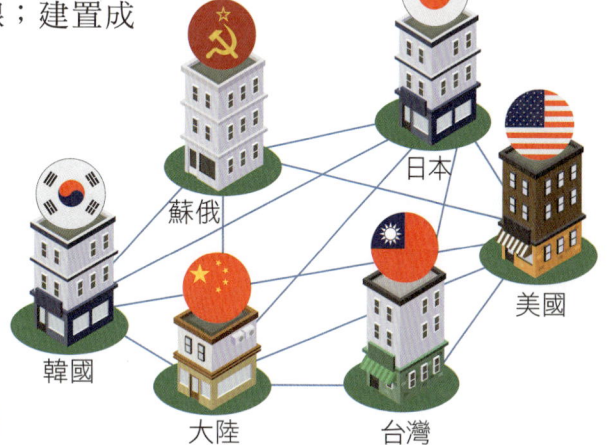

▲ 圖 1-3　廣域網路架構

傳統的 Intranet 假設內部網路內的所有用戶和設備都是可信任的，只需防禦外部威脅（例如防火牆），而零信任架構則假設內部網路中也可能存在威脅（例如內部員工誤操作或惡意行為、入侵者橫向移動攻擊），因此 ZTA 著重於身分驗證、存取管理、網路隔離、內部資料加密的保護措施。

▶ 企業外部網路（Extranet）

商際網路，由多個 Intranet 所組成，企業與合作夥伴、客戶能夠共同存取彼此資源的網路。透過 Extranet，合夥企業間可直接進行私密的電子資料交換（Electronic Data Interchange, EDI），而不會被未經授權的第三方窺視；例如：兩間公司以 VPN 進行彼此的電子資料交換。

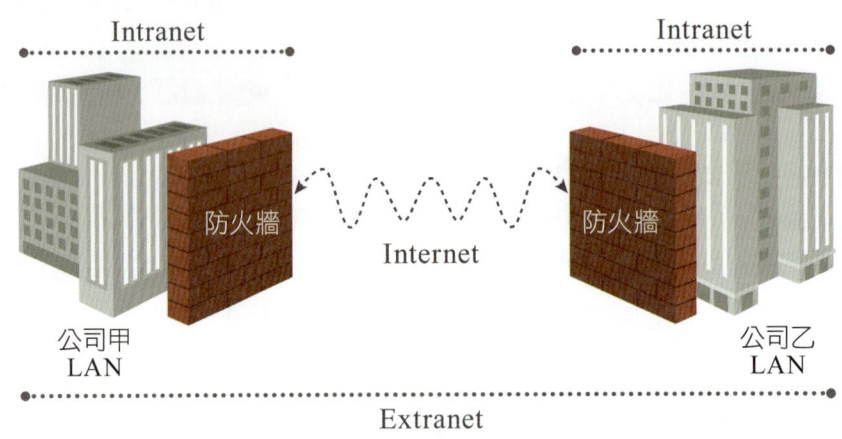

▲ 圖 1-4　企業外部網路

▶ 虛擬私有網路（Virtual Private Network, VPN）

透過公用的網路架構（一般為網際網路）搭配已加密的通道協定（Tunneling Protocol），防止駭客在傳送私人的網路訊息時竊聽，保護資料的完整性及進行身分驗證；資料雖然仍由公用的網路架構進行傳輸，但就使用者而言，資料就如同在私有的專線中移動。

常見的例子為員工在外地出差，但資料放在辦公室中，便可透過 VPN 從公用網路安全地連線至公司的電腦中，讓人不在辦公室也能辦公事；VPN 在兩端連結前會先進行驗證，以確保只有授權的使用者才能使用，並且使用加密技術，以確保駭客無法攔截或監聽。

▶ 加值型網路（Value Added Network, VAN）

為封閉式的網路型態，提供產業上下游縱向的彼此聯繫，安全性較 Internet 來得高。

▶ 物聯網（Internet of Things）

所有物品透過感測器與無線網路技術（例如：藍牙、Wi-Fi、Zigbee、NFC 等等）連接至網際網路，形成一個全面性的物件網路，例如：智慧城市利用物聯網設備蒐集城市各項數據，如交通流量、能源使用、環境監測等，通過大數

據分析來優化城市管理,提升市民生活品質。智慧工廠則運用 IoT 技術將傳感器、機器設備和人員進行連接,使生產過程更加自動化、高效化與智能化,並進行實時監控與預測性維護,從而提高生產力和降低成本。工業 4.0 更是物聯網在製造業的進一步應用,通過智能化設備、機器學習和數據分析,實現製造過程的自動化、靈活化和精確化。這些技術不僅改變了生產方式,也促進了資源的更有效利用和可持續發展。

▶ Wi-Fi 6 / Wi-Fi 7

隨著新一代 Wi-Fi 標準的出現,Wi-Fi 6(802.11ax)和發展中的 Wi-Fi 7(802.11be)在速度、傳輸量、降低延遲和高可靠性等方面做出了顯著改進。Wi-Fi 6 支持更高的速度(最高可達 9.6 Gbps)、更低的延遲,並改善在多設備環境下的效能,滿足家庭、商業和公共場所中對於大量設備的同時連接需求。Wi-Fi 7 則進一步提升了速度和頻寬,提供更高的數據速率(最高可達 46 Gbps),並且利用更大的頻寬,以實現更低的延遲和更快的速度,尤其適合 4K/8K 串流影音、虛擬現實(VR)和增強現實(AR)等高網路需求的應用。

▶ SD-WAN(軟體定義廣域網路)

隨著企業網路需求的增長,SD-WAN 技術已成為提升企業網路靈活性、營運效率的重要工具。SD-WAN 能夠將企業分布在不同地點的網路設備和應用程式進行集中管理,提供更好的流量控制和安全性。允許企業使用低成本的公有網路(如網際網路)來替代傳統的專線連接,除了能降低成本,同時還能增加網路流量,讓分布在不同地點的應用程式能更穩定並更快速的互相傳遞資訊。

 1.1.3 網路範圍

▽ 表 1-1　網路的涵蓋範圍(從最小到最大)

簡稱	全名	舉例	速度	成本	範圍
PAN	Personal Area Network 個人區域網路	手機與電腦連接、手機與藍牙耳機連接	快 ↑ ↓ 慢	低 ↑ ↓ 高	小 ↑ ↓ 大
LAN	Local Area Network 區域網路	辦公室、電腦教室、家庭網路			
MAN	Metropolitan Area Network 都會網路	公共區域免費上網、TPE-Free、iTaiwan			
WAN	Wide Area Network 廣域網路	Internet 網際網路			

1.1 MCT 模擬試題

____ 1. 小祺剛被一家跨國企業錄取為網路管理員，公司的網路架構主要分散在幾個國家中，並藉由路由器進行連結，是屬於哪一種網路型態？
(A) 區域網路（Local Area Network, LAN）
(B) 都會網路（Metropolitan Area Network, MAN）
(C) 加值型網路（Value Added Network, VAN）
(D) 廣域網路（Wide Area Network, WAN）

____ 2. 下列關於 LAN 及 WAN 的敘述，何者有誤？
(A) LAN 為在有限範圍之內所形成的網路架構
(B) WAN 通常指的是跨國界的網路架構
(C) LAN 為最小範圍的網路架構，主要為個人使用，例如手機與智慧型穿載裝置相連結
(D) WAN 的實例即為 Internet

____ 3. 關於網際網路（Internet）的演進，何者有誤？
(A) 電腦網路的演進為資訊化→網路化→網際化→雲端化
(B) Internet 的前身是 ARPA 網路
(C) 使用 TCP/IP 協定
(D) Internet 屬於是一種 MAN（都會型網路）

____ 4. 網路規模介於區域網路（Local Area Network）及廣域網路（Wide Area Network）之間者稱為：
(A) 都會網路（Metropolitan Area Network）
(B) 主從式網路（Client-Server）
(C) 對等式網路（Peer-to-Peer）
(D) 網際網路（Internet）

____ 5. 大雄家中網路下載／上傳的速率為 100 Mbps / 40 Mbps，他從教育部網站下載一個 1200 MBytes 的檔案後，立刻將該檔案上傳給小明同學。下載與上傳該檔案資料總共約需要多少的資料傳輸時間？
(A) 42 秒 (B) 60 秒 (C) 336 秒 (D) 480 秒

____ 6. 甲：WAN、乙：PAN、丙：LAN、丁：MAN，範圍從小排到大應為？
(A) 乙丁丙甲 (B) 乙丙丁甲 (C) 丁乙甲丙 (D) 甲丁丙乙

1.2 資料傳輸方式

1.2.1 依傳輸的資料量分類

1 序列傳輸（Serial）

使用單一線路，有順序地一次傳送 1 bit；常見的序列界面為 COM、PS/2、USB、SATA、IEEE 1394、SAS、HDMI、PCI-Express、Thunderbolt 4。

▲ 圖 1-5　序列傳輸

2 並列傳輸（Parallel）

透過多個線路，一次傳輸多個 bit；常見的並列界面包括 LPT、IDE、SCSI、PCI、AGP、D-Sub、DVI。

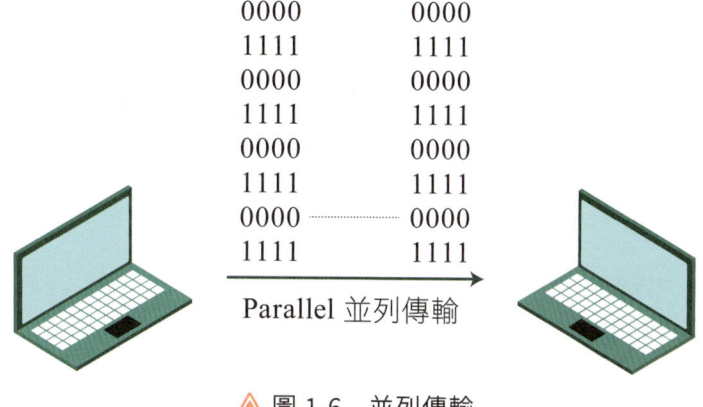

▲ 圖 1-6　並列傳輸

1.2.2 依傳輸的方向分類

1 單工（Simplex）

只能單方向傳輸或接收訊息，也就是一個負責傳送，另一個則負責接收；最典型的例子是電視機與收音機。

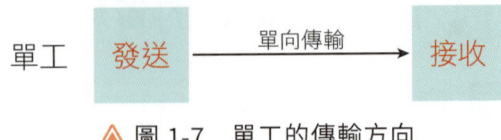

▲ 圖 1-7　單工的傳輸方向

2 半雙工（Half Duplex）

可雙向傳輸，但同一時間（如圖 1-8 中的時間 1）只能單方向傳送或接收資料；若要再傳資料的話，必須等到時間 1 的資料傳完後，沒人在傳資料時，才可將資料送出（如圖中的時間 2），最典型的例子是無線電對講機。

▲ 圖 1-8　半雙工傳輸方向

3 全雙工（Full Duplex）

可同時雙向傳送及接收資料（如圖 1-9 中的時間 1），雙方若同時講話，都可同時聽到對方的聲音，最典型的例子是電話。

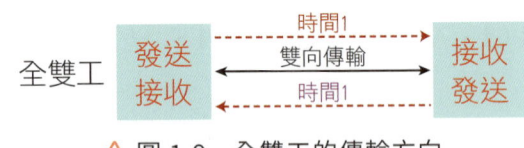

▲ 圖 1-9　全雙工的傳輸方向

1.2.3 依傳輸的訊號分類

1 基頻傳輸

傳輸「數位」訊號，一次只允許傳輸一筆數位訊號；例如乙太網路（Ethernet）的星狀拓樸或匯流排拓樸。

2 寬頻傳輸

傳輸「類比」訊號，一次傳輸多筆類比訊號，透過控制載波訊號（振幅、頻率或相位）的調變方式來進行傳輸，包括聲音、影像、圖形或文字；例如 ADSL 寬頻、Cable Modem。

數位訊號透過寬頻傳輸時，需將數位訊號混合到載波（類比）訊號中，稱為調變（Modulation），接收端在接收資料時，則將載波（類比）訊號分離出數位訊號，稱為解調（Demodulation）；ADSL 或 Cable 數據機則同時擁有這兩種功能，因此數據機又稱為調變解調器（Modulator-Demodulator，縮寫為 Modem）。

1.2.4 資料交換方式

1 電路交換（Circuit Switch）

採用共用線路方式來傳遞資料，且需要有一台中央交換機處理接線的動作；例如，當 A 與 B 連線時，必須透過中央交換機將 A 的線路切換至 B 的線路，A 和 B 之間會形成一條專屬線路，為一種實體的通訊路徑，以獨占的方式進行資料的傳送，使用這種方式的訊號品質最好。

但當全部的線路滿線時，下一個人就必須等到有人下線後，才能夠使用。

2 訊息交換（Message Switch）

訊息交換時不需建立實體通訊路徑，傳輸的訊息會全部儲存在交換機上面，再依據網路通訊狀況選擇下一個要儲存訊息的交換機；這種技術的最大缺點是每個交換機上面需配置大量的儲存設備。

3 分封交換（Packet Switch）

是針對電路交換技術，在人多時會有占線問題的缺點加以改良的技術。分封交換技術能夠將要傳遞的原始資料分割成很多個封包（Packet）後送出，每條線路都可以運送不同使用者所送出的封包資料，接收者在接收到所有封包之後，會依據封包切割時所設定的編號加以重組成原始資料。

▼ 表 1-2　各種交換技術的比較

交換技術	連線獨占	連線品質	暫存資料	線路使用率	例如
電路（Circuit）	是	最高	否	最低	家用電話、手機
訊息（Message）	否	最低	是（需要很大的記憶體空間）	高	電子郵件
分封（Packet）	否	高（TCP 錯誤重送）	是	最高	網際網路

1.2.5 網路傳送訊息的方式

假設我們在電腦上打了一句話要傳給一個朋友，在網路世界中，我們的一句話是如何透過網路傳送到對方的電腦上呢？

其實，網路上傳送資料的方式，非常類似於日常生活中「郵寄、快遞、宅配」的觀念；我們可以用圖形的方式來看看兩種傳遞方式的不同，首先來看看日常生活中貨物配送的過程。

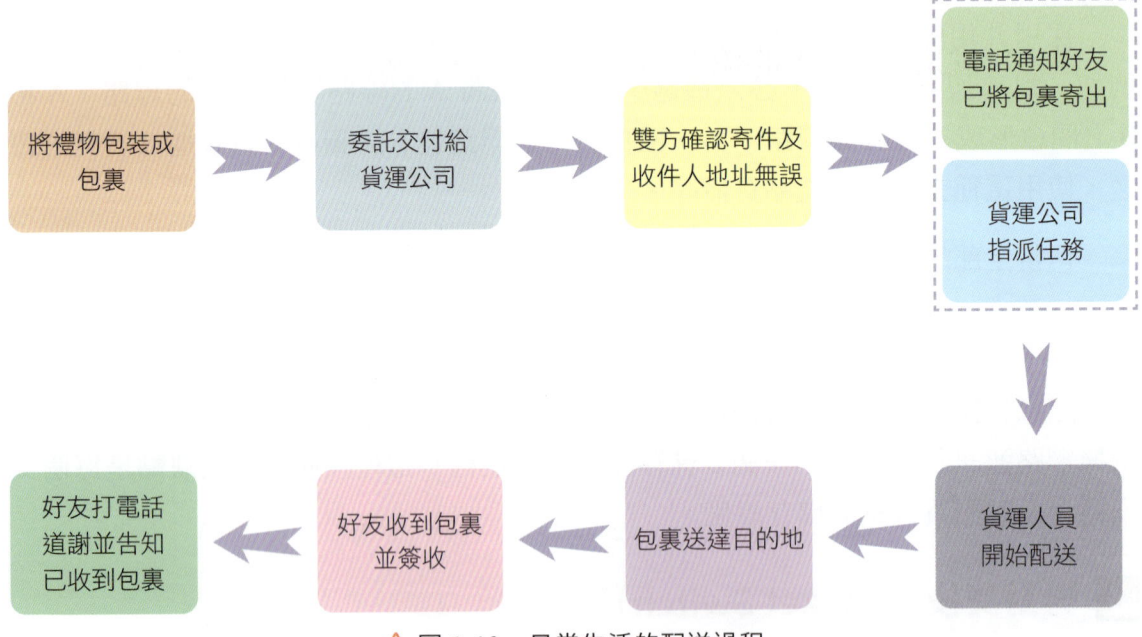

▲ 圖 1-10　日常生活的配送過程

上一節已介紹過，當網際網路在傳送資料時，是以分封交換（Packet Switch）將資料切割成一個個固定大小的封包，再透過多個路由器傳送給接收端；封包是電腦傳送資料的最小單位，在資料送出前，一個文件會被切割成許多封包，如下圖所示。

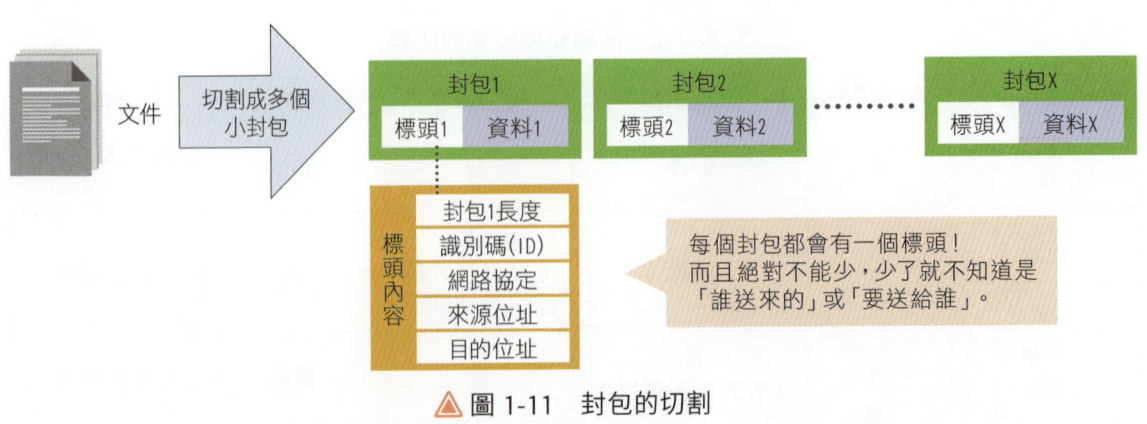

▲ 圖 1-11　封包的切割

假設 A 電腦想傳送一個檔案給 B 電腦，但為了維護大家的上網品質及秩序，A 電腦必須先將檔案分割成一段一段的（稱為分段），然後再加上 A 電腦的識別資料（Header；簡稱標頭），兩者相加在一起會變成所謂的封包（Packet）；這時，每個封包才透過網路一個一個傳送出去給 B 電腦。

由下圖可以知道，傳送出去後，每個封包會依照不同的網路路徑走動，不會是同一條路徑；雖然如此，最後還是會傳送到 B 電腦，而 B 電腦收到這些封包後，會依照封包內的標頭資訊加以組合，讓它變成一個完整的檔案，這就是我們平常所收到的訊息、檔案與電子郵件等等。

圖 1-12 就是封包從 A 電腦經過不同的路徑到 B 電腦的過程。

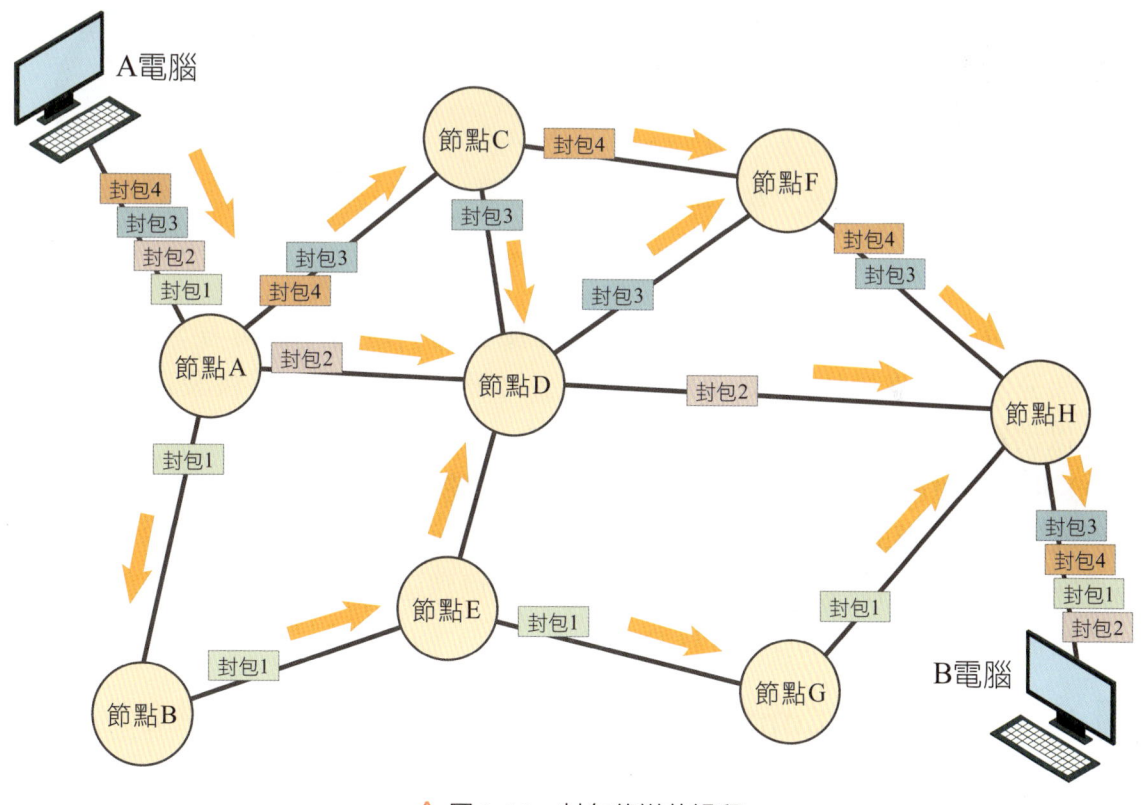

▲ 圖 1-12　封包傳送的過程

只要網路上任何一台電腦或設備，配上一個獨一無二的位址，就可以稱為節點；但真正在網路上的節點，應該是含有 IP 位址的網路設備（例如：路由器、橋接器或交換器），而不是電腦設備。

所以，電腦 A 所傳送出來的訊息，就是透過這些來自各個不同地點的節點，協助傳送資料到電腦 B。

1.2.6 網路提供者

1 ISP（Internet Service Provider，網際網路服務提供者）

提供網際網路連線服務的公司，例如 TANet（臺灣學術網路）、5G 行動網路業者、有線電線業者等等。下圖為一個家庭申辦 ISP 服務，個人電腦透過俗稱小烏龜的 ADSL Modem 將電腦的數位訊號調變為類比訊號，並透過 ISP 所架構的電路連線到網際網路。

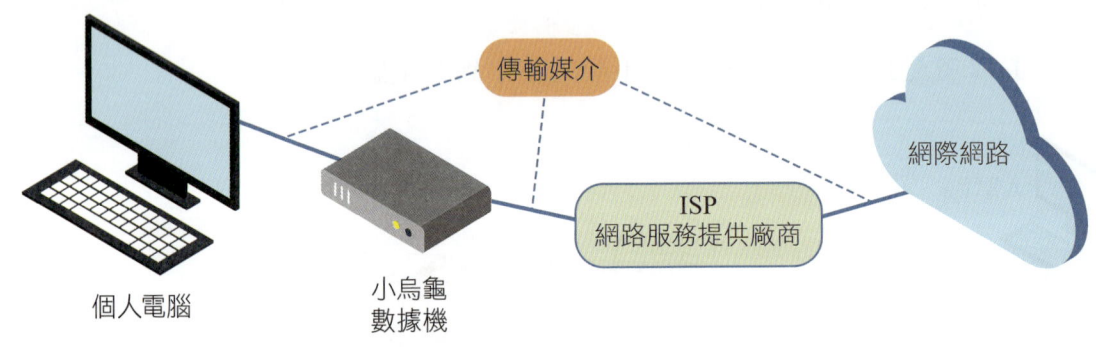

▲ 圖 1-13　ISP 連線 Internet 的架構圖

傳統的 ISP 是指提供「有線網路」連線服務的供應商，但隨著 5G 網路的普及，部分家庭會直接使用 5G 手機的無線上網服務，並將 5G 手機設定為無線基地台以供家裡的電腦或筆電連線上網。另外，低軌道衛星網路（Low Earth Orbit, LEO）也能提供網路連線服務，例如 SpaceX 公司開發的星鏈（Starlink），其衛星可提供高速、低延遲的網路服務，並且其覆蓋全球（截至 2024 年，已有超過 4000 顆衛星在軌運行），所以可以接通傳統網路服務難以到達的偏遠地區，對於落後國家或是偏遠地帶有著很強大的影響能力。

2 ICP（Internet Content Provider，網際網路內容提供者）

線上內容提供者，舉凡新聞、期刊、音樂、遊戲等等，例如 Yahoo! 奇摩網站、NOWnews 網站。

1.2.7 資料傳輸單位

1 單位換算

在電腦裡，實際傳送資料時的最小單位為位元（bit）。

它是一個二進位的數字，可能的變化有兩種：「0」與「1」；下面是以表格的方式來看看常用到的一些單位及其相互間的關係，亦適用於一般的隨身硬碟（1 TB、750 GB）、隨身碟或記憶卡（8 G、16 G、32 G、64 G），關於電腦中資料量的表示方式都是相同的。而隨著資料量爆炸成長，PB（Peta Bytes）甚至 EB（Exa Bytes）的儲存單位已逐漸出現。這些超大規模的資料傳送需求，主要來自於雲端技術的快速發展、大數據分析、人工智慧（AI）、物聯網（IoT）及高品質影音串流等應用的普及。

▽ 表 1-3　單位換算

單位	對應說明
bit（位元）	最小單位
Bytes（位元組）	1 Byte=8 bits（位元）
KB（Kilo Bytes）	1 KB=1024 Bytes（一般簡稱 1 K）=2^{10} 約為 10^3（類似於日常生活的 1 千）
MB（Mega Bytes）	1 MB=1024 KB（一般簡稱 1 M）=2^{20} 約為 10^6（類似於日常生活的 1 百萬）
GB（Giga Bytes）	1 GB=1024 MB（一般簡稱 1 G）=2^{30} 約為 10^9（類似於日常生活的 10 億）
TB（Tera Bytes）	1 TB=1024 GB（一般簡稱 1 T）=2^{40} 約為 10^{12}（類似於日常生活的 1 兆）
PB（Peta Bytes）	1 PB = 1024 TB = 10^{15}（類似於日常生活的 1 千兆）
EB（Exa Bytes）	1 EB = 1024 PB = 10^{18}（類似於日常生活的 1 百京）

2 資料的下載與上傳

● 下載

假設到 YouTube 去觀看一部影片，電影會透過網路將影片傳送到我們電腦的硬碟內，讓我們可以在電腦上觀看影片；這種從 YouTube 將影片由網路傳到自己電腦的動作就叫做「下載」，也稱做「下行」。

● 上傳

　　反過來說，假設今天我們要寄一個檔案給朋友，在電子郵件的附件中，指定要傳送的檔案並按下確定後，電腦會將所指定的檔案先傳送給伺服器，再與郵件一起傳給對方；從我們的電腦透過網路傳送到伺服器，這個動作就叫做「上傳」，也稱為「上行」。

　　對一般使用者而言，下載瀏覽絕對會比上傳資料的機會來得多很多，這就是為什麼 ISP 網路提供者會將下載及上傳的速度，設定成下載速度遠大於上傳速度，由於上下傳的速度不對稱，因此家用網路稱為 ADSL（Asymmetric Digital Subscriber Line，非對稱數位用戶線路）。

1.2 MCT 模擬試題

_____ 1. 關於資料交換技術的敘述，何者正確？
   (A) 使用訊息（Message）交換時，將占用整個線路
   (B) 電路（Circuit）交換的電路使用率最低，但連線品質最高
   (C) 分封（Packet）交換是透過封包來進行資料的傳遞，當資料發生錯誤時不會重新傳送
   (D) 網際網路是屬於電路交換方式

_____ 2. 下列關於各項網路應用，何者敘述有誤？
   (A) 常見的 ICP 為 TANet、5G 行動網路業者、有線電線業者等等
   (B) Yahoo! 奇摩、Facebook、YouTube 網站屬於是網際網路內容提供者
   (C) 常見的 Skype、LINE 語音、Zoom、Google Meet，是使用 VoIP（Voice over IP）協定進行網路視訊
   (D) Threads、X、Weibo 等社群網站，屬於微網誌

_____ 3. 一部電腦要上網至網際網路時，一般均需透過網際網路服務公司（即 ISP）的伺服主機進入 Internet 世界，下列何者並非提供商業或個人用戶連接到網際網路服務的公司？
   (A) 臺灣學術網路（TANet）
   (B) Threads
   (C) 有線電視業者
   (D) 5G 行動網路業者

_____ 4. 網際網路（Internet）是依據下列哪一種資料交換技術運作？
   (A) 分封交換（Packet Switching）
   (B) 電路交換（Circuit Switching）
   (C) 數位交換（Digital Switching）
   (D) 訊息交換（Message Switching）

_____ 5. 即時互動的即時通軟體，所使用的傳輸機制為何？
   (A) 全雙工
   (B) 半雙工
   (C) 單工
   (D) 半單工

Chapter 2

電腦網路架構

本章節次
- 2.1 有線傳輸媒體
- 2.2 無線傳輸媒體
- 2.3 網路拓樸
- 2.4 乙太網路與頻寬
- 2.5 網路設備
- 2.6 ISO/OSI 模型與 DoD 模型

2.1 有線傳輸媒體

網路傳輸常見的實體線路，通常分為雙絞線（Twisted Pair）、同軸電纜（Coaxial Cable）、光纖（Optical Fiber）。

2.1.1 雙絞線（Twisted Pair）

1 雙絞線的組成

雙絞線就是一般所稱的網路線，由四對絞線組成，有橙、綠、藍、棕四種顏色，每個顏色有兩條（白橙及橙、白綠及綠、白藍及藍、白棕及棕）相互絕緣的實心銅線，兩兩以順時針方向互相扭絞是為了降低干擾。

其架設方便、成本低廉，最常用於區域網路的布線，常用的連接頭規格為 RJ-45（網路線使用）及 RJ-11（電話線使用），其中的線材又分為無遮蔽式雙絞線（UTP），以及多了一層抗雜訊金屬外皮的遮蔽式雙絞線（STP），但由於無遮蔽式雙絞線（UTP）較便宜，使用上便較為廣泛。

2 RJ-45 接頭

有了線材之後，還需要能夠讓我們連接到網路卡及網路設備的接頭，它有個專屬名稱叫 RJ-45，如下圖所示；一般在主機電腦後面就可以看得到，圖中是經過加工的接頭，該接頭的接線如果要自己動手做的話，則有一定的規則。

▲ 圖 2-1　裝上 RJ-45 接頭的 568B 規格網路線

兩個接線規格用代號表示為 568A 及 568B，這兩種接線方式沒有特殊區別，但兩端接頭必須是相同接線方式且不可混用，若一端是 568A，則另一端也一定要是 568A。

當網路線的一端為 568A，而另一端卻是 568B 時，這樣的網路線稱為「跳線」，主要功能是讓使用者在不需要透過網路設備（集線器或交換器）的情況下，可以將兩台電腦互相連接在一起。

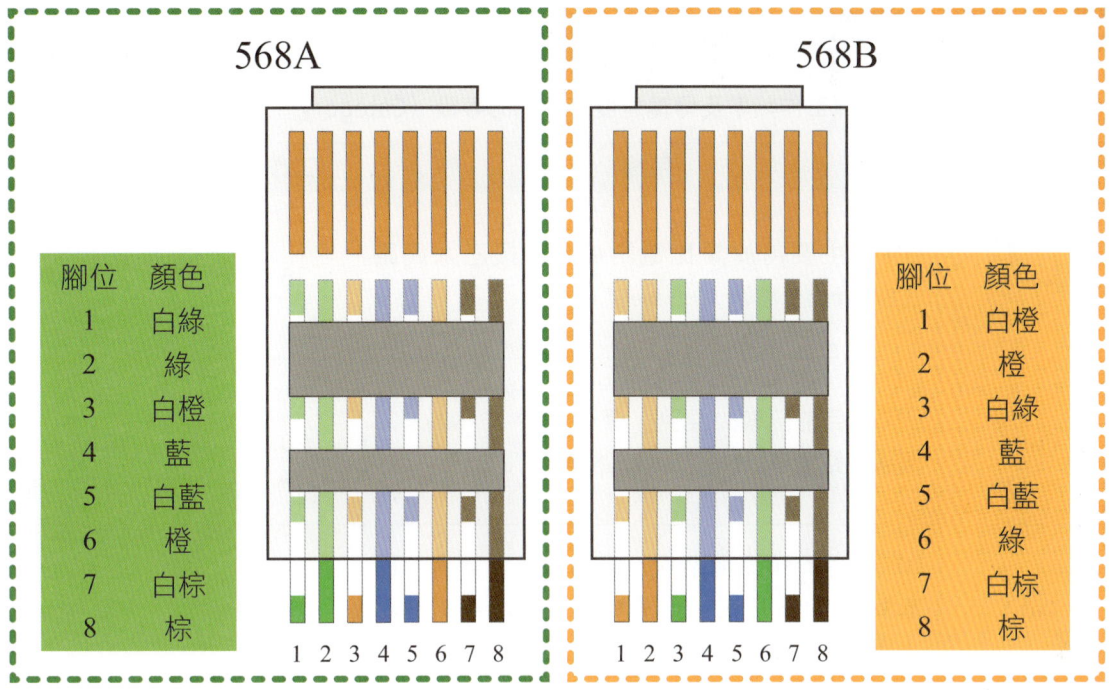

▲ 圖 2-2　RJ-45 接頭（568A 及 568B）

3 雙絞線的分類

在雙絞線線材的部分，又分成兩種：無遮蔽式雙絞線（Unshield Twisted Pair, UTP）及有遮蔽式雙絞線（Shield Twisted Pair, STP）。

◉ UTP 的特性

主要用來傳遞資料及語音，是目前最普遍的網路線材；因為它的價格比同軸電纜及光纖便宜，安裝上簡單容易也有彈性，故較適合於室內布線或教室對教室之間的距離來使用，建築物間的布線則不太建議，一方面是由於距離若超過可容許的 100 公尺，信號會減弱（或稱為衰減），另一方面則是容易受到電磁的干擾。

◉ STP 的特性

與 UTP 最大的差別在於，STP 為了隔絕外部電磁的干擾及做為接地之用，多了一層銅質金屬網，介於外皮層和四對雙絞線之間，如圖 2-3 箭頭所示；其增加傳輸的品質、降低電磁的干擾，相對也增加了線材的價格。

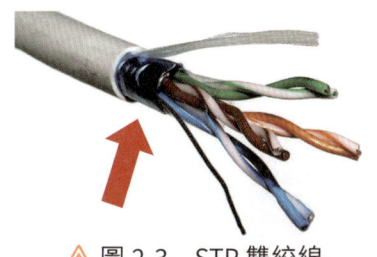

▲ 圖 2-3　STP 雙絞線

4 雙絞線的等級

▽ 表 2-1　依照工作頻率及傳輸速度有下列的等級（Category，又可簡稱 Cat）

類型	用途	工作頻率	傳輸速度
Cat 3	UTP，主要用於類比電話線，支援乙太網路（Ethernet）標準 10 Base-T。	16 MHz	10 Mbps
Cat 4	UTP，目前已較少見到，僅使用於 16 Mbps 的環狀網路環境，支援乙太網路標準 10 Base-T4。	20 MHz	16 Mbps
Cat 5	UTP，用於類比電話線、傳輸資料及語音，已漸漸被 Cat 6 取代，支援 10/100 Base-T 高速乙太網路（Fast Ethernet）標準。	100 MHz	100 Mbps
Cat 5e	UTP，Cat 5 的加強版（Enhanced），已被 Cat 6 取代，支援 1000 Base-T = 1 GBase-T 超高速乙太網路（Gigabit Ethernet）標準。	100 MHz	1 Gbps
Cat 6	UTP，目前主流傳輸線路，支援 1 GBase-T 超高速乙太網路（Gigabit Ethernet）標準，但企業和高頻寬需求環境則逐漸採用 Cat 7、Cat 8 或光纖。	250 MHz	1 Gbps
Cat 6e	STP/UTP，支援 10 GBase-T 超高速乙太網路標準，支援 PoE（Power over Ethernet）應用，適合智慧建築和物聯網（IoT）應用場景。	500 MHz	10 Gbps
Cat 7（Class F）	STP，支援 10 GBase-T 超高速乙太網路標準，使用於需要大量頻寬的地方： 1. 遠距判讀（Teleradiology），例如：雲端醫學影像技術。 2. 8K 視頻串流。 3. 虛擬實境（VR）應用。	600 MHz	10 Gbps
Cat 8	支援 40 GBase-T 的超高速乙太網路標準，用於需要極高頻寬的數據中心和高效能運算。	2000 MHz	40 Gbps

2.1.2 同軸電纜（Coaxial Cable）

1 同軸電纜的組成

同軸電纜的中心是一條金屬導電銅線（D），外面由一層較厚的白色塑膠包覆中心銅導線做為絕緣之用（C），再由一層阻擋電磁波用的薄網狀導電體包覆（B），最後一層的黑色外皮絕緣層（A）也是由塑膠組成。

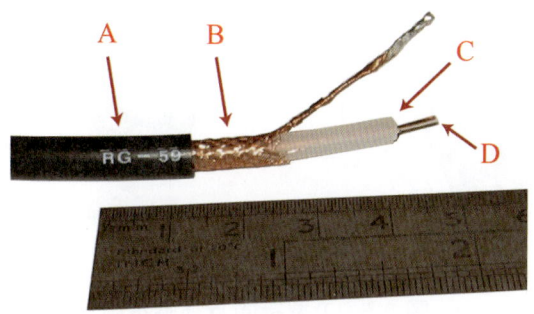

▲ 圖 2-4　同軸電纜的組成

2 同軸電纜的分類

一般分成粗同軸電纜及細同軸電纜，長距離的同軸電纜（RG-59）較常用於有線電視的訊號傳輸線。細同軸電纜（RG-58）一般用於 10 Base2 的乙太網路線材，其傳輸距離大約為 185 公尺左右，使用的是 BNC 接頭；粗同軸電纜（RG-11）則用於 10 Base5 的乙太網路線材，傳輸距離大約 500 公尺左右，使用的是 AUI 接頭。

RG 後面的數字愈小，代表同軸電纜的線愈粗，傳輸的距離也較遠。

3 BNC 接頭

圖 2-5 為經過加工後的 BNC 接頭，是用轉動並卡住的方式與網路卡做連接。

匯流排拓樸（Bus Topology）就是使用同軸電纜做為傳輸媒介；連結的方式是使用 T 型連接頭，以一台電腦接著一台電腦的方式，串聯在一條共用的線路上。

▲ 圖 2-5　BNC 接頭的同軸電纜

下圖 2-6 中，T 型接頭正下方（A）是連接到電腦上的網路卡，T 型接頭的兩端（B、C）則是連接左右或前後電腦接過來的傳輸線；而第一台及最後一台電腦必須加上終端電阻器，做為訊號傳送的終點站，以避免訊號被干擾。

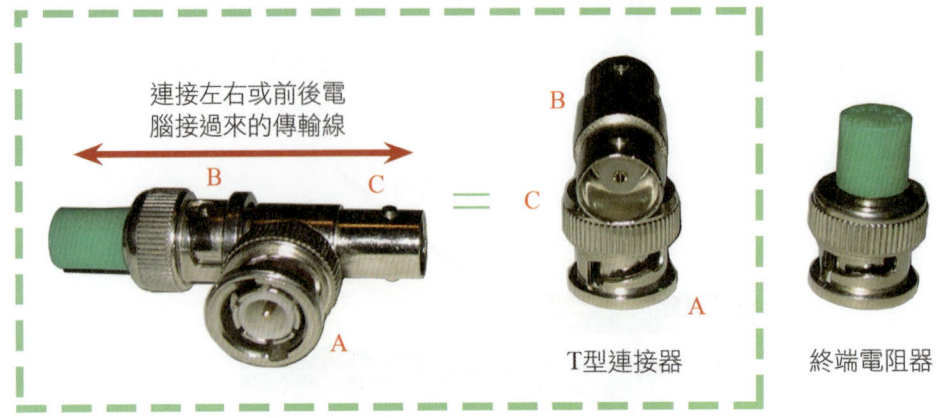

▲ 圖 2-6　T 型接頭及終端電阻器

2.1.3 光纖（Optical Fiber）

有別於同軸電纜及雙絞線 2 種傳輸媒體的傳送方式，光纖是以玻璃材質作為光線傳送的介質，雖然架設的成本最高，但其速度最快，傳輸距離約有數公里到數十公里遠，常作為連接各區域網路之間的主要線路，或作為骨幹（Backbone）網路使用，目前商用光纖的速度已可支援 40 Gbps～100 Gbps，並往 400 Gbps 或更高的速度發展，光纖技術如 WDM（波分複用）、PON（被動光網路）和 OTN（光傳輸網），已成為應對長距離與高頻寬需求的核心標準。

▽ 圖 2-7　光纖線路

1 光纖的組成

如圖 2-8 所示，光纖的最內層稱為軸芯（對照 1），是由極為細小的玻璃或塑膠纖維所組成，光波訊號就是藉由玻璃或塑膠纖維來傳送，每一個光波代表一個位元；再來是包覆層（對照 2），將軸芯完全地包覆著，主要功用是反射軸芯產生的光波訊號，讓訊號能傳得更遠，類似鏡子的功能；緩衝層（對照 3）及外皮層（對照 4）的功用則是用來保護軸芯及隔絕干擾信號。

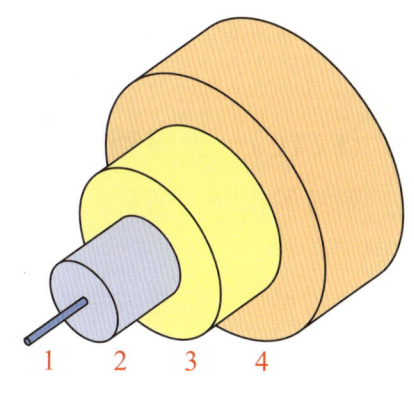

▲ 圖 2-8　光纖的構造

2 光纖的分類

常見的光纖模式，依照軸芯的粗細可以分成兩種：單模及多模。

單模光纖電纜適合長距離傳輸，如大樓與大樓間或較遠的區域，它的軸芯較細（7.5 ～ 9.5 微米）、帶寬很高，是所有光纖線材裡最貴且最難處理的。

多模光纖電纜適合近距離、低速率傳輸，如大樓內或距離較近的區域，它的軸芯較粗（大於 10 微米），效率比單模光纖電纜差一些，價格也就較低一些。

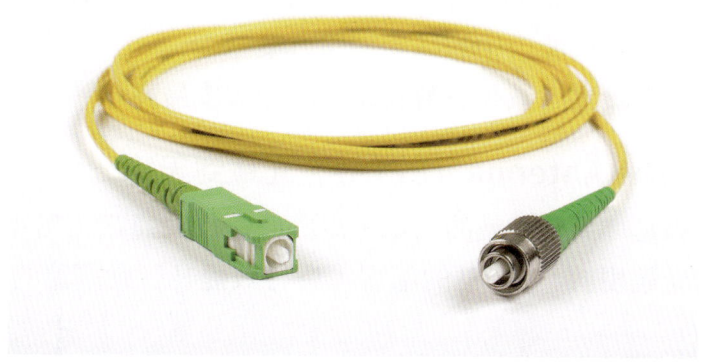

▲ 圖 2-9　光纖連接的兩端

3 光纖網路 FTTx 架構

「Fiber To The x」是光纖線路接到哪個地點的簡稱，目的地不同則簡稱不同。從較遠到較近的光纖佈線，分為以下類型：

- **Fiber To The Node/Neighborhood（FTTN），光纖到節點或里鄰**
    - 概念：光纖線路延伸到一個地區的節點，之後使用銅纜將訊號傳遞到用戶。
    - 應用：多用於郊區或網路升級初期，仍然需要依賴現有的銅纜基礎設施。
    - 限制：因最後一段使用銅纜，傳輸速度受距離影響較大，通常支援 100 Mbps ～ 1 Gbps。

- **Fiber To The Curb（FTTC），光纖到街角**
    - 概念：光纖延伸至用戶附近的街角，通常距離用戶不超過 300 米，最後再由銅纜連接到住戶。
    - 應用：適合密度較高的都市地區，佈線成本較低。
    - 限制：使用銅纜的最後一段仍會影響速度，支援 1 Gbps 內的速度。

- **Fiber To The Building/Basement（FTTB），光纖到大樓 / 地下室**
    - 概念：光纖延伸至建築物的地下室或網路機房，再通過乙太網或其他方式將訊號分配至每個住戶。
    - 應用：適用於公寓、商業大樓，已廣泛應用於城市中的寬頻網路方案。
    - 限制：光纖僅到建築物內部，若分配方式不佳（如使用過舊的電纜或路由器），仍可能降低速度。

- **Fiber To The Home（FTTH），光纖到府**
    - 概念：光纖直接延伸至用戶的住家，是目前光纖佈線的終極目標。
    - 應用：提供最優質的寬頻網路體驗，支援 1 Gbps 至 10 Gbps 甚至更高的速度，常見於城市中的高端網路方案。
    - 優勢：無中間接點，減少訊號衰減，傳輸效率最高。

- **Fiber To The Antenna（FTTA），光纖到天線**
    - 概念：光纖延伸到基地站的天線，用於傳輸行動通訊（如 4G、5G）網路。
    - 應用：廣泛應用於 5G 基站的部署，可有效提升行動網路的頻寬和低延遲能力。
    - 優勢：高頻寬支援高密度用戶需求，降低基地台的網路傳輸壓力。

▶ Fiber To The Desk（FTTD），光纖到桌面

概念：光纖直接延伸到用戶的工作桌，適合需要高頻寬的專業環境（如金融、研究機構）。

應用：用於要求高穩定性和高速數據傳輸的場所。

優勢：極短距離內全光纖傳輸，減少干擾，提供專業級別的網路性能。

隨著 4K/8K 視訊、雲端運算、物聯網（IoT）和 VR/AR 的發展，FTTH 和 FTTA 的佈建成為主流，其使用 WDM（波分複用）技術，FTTx 系統可提供高達 40 Gbps 至 100 Gbps 的速度，滿足未來網路需求。

2.1.4 有線傳輸媒體的比較

▼ 表 2-2　有線媒體的優缺點比較

傳輸媒體	外觀	優點	速度	常見用途
雙絞線	兩兩一對纏繞	成本便宜	100 Mbps（Cat 5）、1000 Mbps（Cat 5e）、1 Gbps（Cat 6）	電話線、網路線
同軸電纜	絕緣外皮以同心圓的方式包覆中心導線	抗雜訊	10 Mbps	電視線
光纖	成束的玻璃纖維而成	傳輸速度最快	100 Mbps ～ 10 Gbps	連接各區域網路的主要幹線

2.1 MCT 模擬試題

____ 1. 下列有線傳輸媒體中,傳輸速度最快並且不易受到雷擊影響的是?
(A) STP
(B) UTP
(C) 同軸電纜
(D) 光纖

____ 2. 一般來說,有線傳輸媒體的架設與維護成本最便宜的是?
(A) UTP
(B) STP
(C) RG-58
(D) 單模光纖

____ 3. ISP(網際網路服務提供者)布設光纖線路提供給消費者使用,哪個種類的光纖線路服務離消費者最遠?
(A) FTTH
(B) FTTB
(C) FTTD
(D) FTTN

____ 4. 下列線路的相關規格中,哪一組是常用於家庭或辦公室區域網路的傳輸媒體及連接頭規格?
(A) 同軸電纜(RG-58)/ BNC
(B) 非屏蔽雙絞線(UTP)/ RJ-11
(C) 光纖/ SC
(D) 非屏蔽雙絞線(UTP)/ RJ-45

____ 5. 下列雙絞線的規格中,何者速度最快?
(A) Cat 3
(B) Cat 6
(C) Cat 6e
(D) Cat 7

2.2 無線傳輸媒體

2.2.1 無線網路簡介

　　隨著科技日新月異地以光速進步，智慧型手機、平板電腦及筆記型電腦等資訊設備，幾乎已無所不在；相對地，提供便利的網路環境已成了商家們在吸引消費者時，必須具備的服務項目。

　　為了提供良好的上網環境，無線網路服務可以在很多地方看得到，如便利商店、速食店、機場、學校、圖書館、飯店與餐飲連鎖專賣店等，甚至有些貼心的商家會貼上標誌，如圖 2-10 所示，告訴消費者「可無線上網」的訊息，提供消費者於聚會、用餐時的參考。

▲ 圖 2-10　Wi-Fi 標示

　　無線網路最方便的地方及最大的好處，在於當某些地點或區域無法使用傳統接線方式連結時，就可考慮使用無線網路來解決連線上的問題；不僅如此，還可減少許多布線工程的麻煩與建置的成本。

　　無線網路依照傳輸距離可以分成：無線個人網路、無線區域網路、無線都會網路和無線廣域網路。

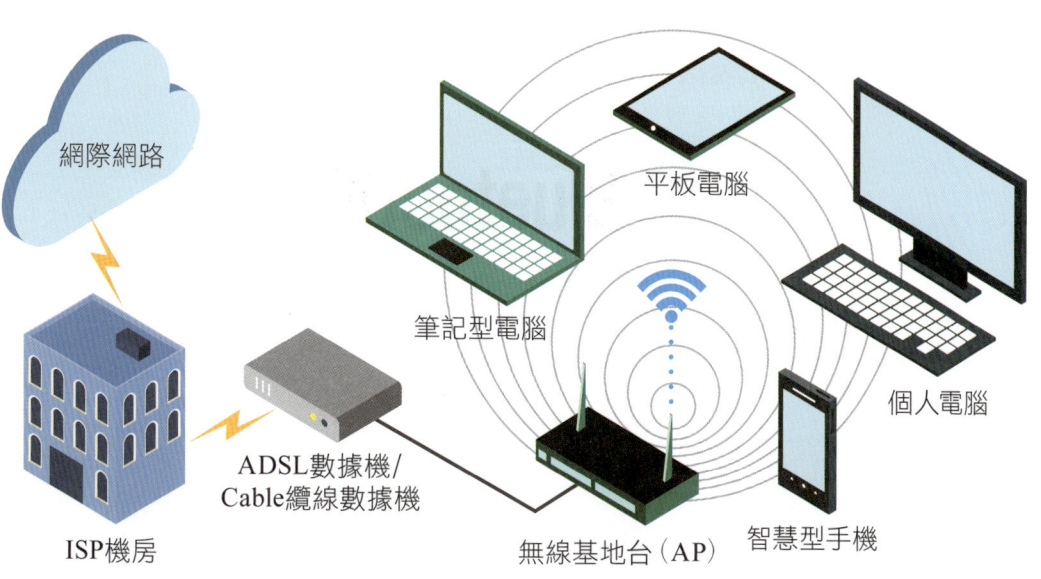

▲ 圖 2-11　無線網路運作狀態

2.2.2 無線網路種類

1 紅外線通訊技術（Infrared Data Association, IrDA）

屬於短距離無線傳輸技術的一種，具有方向的限制，以光為媒介（利用紅外線射線）進行資料的傳輸；紅外線傳送時，必須兩端互相對應，連接的有效距離約在 1 公尺（版本 1.0）～ 20 公分（版本 1.4）內，傳輸速率約為 115.2 Kbps（版本 1.0）～ 16 Mbps（版本 1.4），兩端傳送資料時不可有物體阻擋在其中。常用於電視、冷氣的遙控器或是無線滑鼠設備。

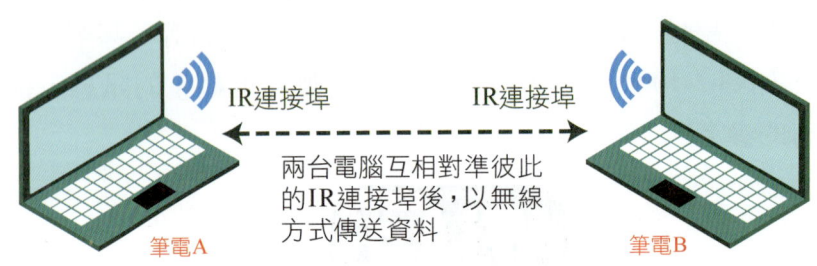

▲ 圖 2-12　紅外線傳輸的方式

2 藍牙（Bluetooth）

屬於短距離無線傳輸技術的一種，以無線電波為媒介，可傳送資料及聲音。

藍牙特性：成本低、效益高、低耗電量及傳輸方便，支援點對點（Point-To-Point）及點對多點（Point-To-Multipoint）的連接方式；市面上的筆記型電腦、智慧型手機、平板電腦、印表機或是小型家電用品，大多支援無線藍牙傳輸技術，最常見的周邊設備便是與行動電話搭配的耳掛式無線藍牙耳機，以及無線藍牙滑鼠、無線藍牙鍵盤、無線藍牙印表機等產品。

▲ 圖 2-13　藍牙標誌

3 RFID（Radio Frequency IDentification，無線射頻辨識）

屬於短距離無線傳輸技術的一種，是近來相當重要的無線發展技術。

RFID的組合包括：電子標籤（Tag）、標籤讀取器（Reader）及應用系統（Application System）；運作方式為：將含有數位資訊的電子標籤置入物品內或貼於其表面，透過讀取器擷取標籤上的資料，再利用應用系統做進一步的處理與運用。

有了RFID，讓我們的生活更加便利，節省更多等待的時間，以下將列舉並說明其運作模式。

● 大眾交通運輸工具（公車、捷運等）的悠遊卡

只要將卡片靠近出入口的讀取機器，即可完成付款動作。

● 高速公路的ETC電子收費系統

車子經過收費站的ETC（Electronic Toll Collection，電子收費系統）車道，會自動辨識車主並進行扣款動作。

● 感應式信用卡

購物付款時只需將信用卡在讀卡機前掃一下，不用簽名就能結帳成功。

● 感應式門禁卡

當從外頭回到家中或將車開回停車場時，經過門口管制區，需要將手中的小扣環在感應器上掃一下，門或閘道才會開啟，讓對方通行。

● 圖書館自動借、還書系統

使用者只要將書本靠近讀取器就能完成借書動作，將書投入還書箱中就可以自動還書。

● 圖書盤點管理系統

只要將讀取器靠近書架上的書籍，就能知道書架上有哪些書，或是否有書籍放錯位置。

● 門禁管理系統

藉由門口的讀取器，能知道館內書籍是否未被授權就被帶走並做出提醒，或當成員工上下班的簽到退依據。

4 NFC（Near Field Communication，近場通訊）

NFC 是由 RFID 演化而來，有效的傳輸距離約在 0～20 公分，傳輸速率約在 212 Kbps；能以短距離、非接觸的方式令手機能與其他電子裝置快速進行雙向資料傳遞，因安全性高，常用於手機小額付款，例如：停車計時收費、智慧錢包、捷運票卡、信用卡、門禁管制等。

5 Wi-Fi

無線相容性認證，其使用 IEEE 802.11 標準建置。Wi-Fi 設備可透過無線電波連結俗稱「熱點」的無線基地台（Access Point, AP），進而連線到網際網路。分為適用於 2.4 GHz 頻段（802.11 b/g/n/ax/be）、5 GHz 頻段（802.11 a/n/ac/ax/be）和 6 GHz 頻段（802.11 ax/be）等技術，目前 802.11 ax 為市場主流，其同時支援 2.4 GHz、5 GHz（稱為 Wi-Fi 6），並可支援最新的 6 GHz（稱為 Wi-Fi 6E），速度可達 1.2 Gbps～9.6 Gbps。另外，正在發展中的 802.11 be（稱為 Wi-Fi 7）同時也支援多個頻段，最大理論度可超過 46 Gbps。

如果有個使用者使用 802.11b 標準的無線網卡連上無線路由器，無線路由器會自動降轉成 802.11b 標準與該無線網卡做溝通，並以 11 Mbps 的速度傳送與接收資料。同一時間，假如有另一使用者也連上無線路由器，該使用者使用 802.11g 標準的無線網卡，無線路由器會使用新規格 802.11g 與該使用者做溝通，並以 54 Mbps 的速度來傳送與接收資料。這就是「802.11b/g」兩種標準相容共用的例子。

當然，也有廠商為了提供消費者更好的服務，推出同時相容 2.4 GHz 頻段的「802.11b/g/n/ax/be」以及 5 GHz 頻段的「802.11 a/n/ac/ax/be」相容性更好的產品，讓消費者不僅能夠繼續使用先前的舊設備，同時若想升級時，只要將舊設備換掉就可以了，但相對地，該設備在價格上就會貴上許多。

值得特別注意的是，當無線設備的兩端都使用相同規格 802.11g 時，每個人皆可以 54 Mbps 的速度傳送與接收；那如果其中一端是使用舊的 802.11b 標準，那麼設備兩端還可以用 54 Mbps 的速度傳送與接收嗎？答案是不行的。

如上所述，無線路由器會自動降轉成與對方相同的傳輸速度；這便是初學者很容易犯的錯誤觀念：「為什麼買了新設備，速度還是跑這麼慢？」

> 註 「Wi-Fi」常被寫成「WiFi」或「Wifi」，但它們並沒有被 Wi-Fi 聯盟認可。

舉例來說，假設設備 A 每秒鐘丟出 54 顆球給設備 B，設備 B 想要接住這 54 顆球的話，就必須以同樣的速度來接球；如果設備 B 每秒只能接住 11 顆球，可想而知，其他的 43 顆球肯定會被漏接或四處亂飛；因此，設備 A 必須調整自己的發球速度為每秒鐘 11 顆球，這樣的話，設備 B 就不會漏接掉任何一顆由設備 A 所傳過來的球。

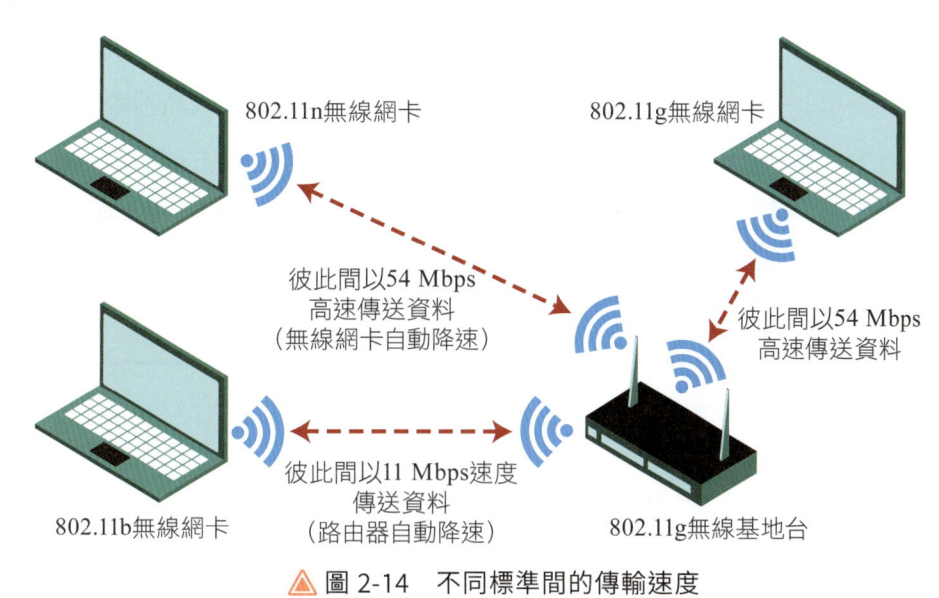

▲ 圖 2-14　不同標準間的傳輸速度

　　無線基地台類似有線的集線器（Hub），主要功能是將無線訊號範圍擴大，讓附近的電腦設備得以用無線方式連接在一起，並互相傳遞資料及訊息；目前多數無線 AP 內含有 IP 分享器的功能，Wi-Fi 設備一連接到無線 AP，即可透過網路位址轉換（Network Address Transfer, NAT）技術以連結到網際網路。

▲ 圖 2-15　簡易型無線基地台

▽ 表 2-3　Wi-Fi 網路的速度

無線區域網路（WLAN）	特性
IEEE 802.11b	速度 11 Mbps
IEEE 802.11a	使用較高的頻段，速度 54 Mbps
IEEE 802.11g	速度 54 Mbps
IEEE 802.11n	速度 300 Mbps
IEEE 802.11ac	使用較高的頻段，速度 500 Mbps

> **補充站**
>
> 　　802.11a 是 IEEE 最早提出的無線網路標準，但真正將技術運用到產品並上市銷售的時間，卻是在 802.11b 廣泛運作之後。
>
> 　　雖然 802.11a 的速度較 802.11b 快上許多，但相對地，在價格上也貴了許多；另外，802.11a 在信號穿透性上也沒有 802.11b 來得好，意思是如果遇到較多的阻擋物（例如牆壁），訊號的傳送與接收就會被阻擋掉，使得連線較為困難。
>
> 　　而 802.11a 最大的問題在於與舊有技術會產生相容性的問題，雖然速度快，卻無法與 802.11b 一起共用；若消費者想要使用新規格 802.11a 的話，其他周邊設備也必須一起替換成 802.11a 的規格，得多花錢來更新設備，故 802.11a 標準推出時，並未受到消費者的青睞。

6 WiMAX 標準

　　無線通訊網路 WiMAX（Worldwide Interoperability for Microwave Access，全球互通微波存取）是依照 IEEE 802.16 標準建構，屬於長距離無線寬頻傳輸技術；其運作方式類似於無線網路的放大版本，它拉大了無線訊號的理論距離到 50 公里，但一般建議的範圍大概在基地台半徑 600～800 公尺左右，收訊會比較好，而傳輸速率最高可達 70 Mbps。

　　WiMAX 類似有線的寬頻網路，其優點是只要訊號有涵蓋到的地方，其連線上網的速度很快。目前 WiMAX 有兩個缺點，第一個是基地台涵蓋範圍不夠廣，業者間的 WiMAX 服務又不互相通用；第二個是信號易受到建築物的干擾，若連線地點附近沒架設基地台，就不會有訊號，但一般基地台都僅架設在比較繁華的都市，偏遠地區當然就更不可能有訊號了。

7 GSM（泛歐式數位行動電話系統）

　　GSM（Global System for Mobile communications）是第二代行動通訊技術，一般稱為 2G；G（Generation）指的是第幾代。

　　2G 是最早的「數位式移動通信技術」；它以 TDMA（Time Division Multiple Access，分時多工存取）技術做為無線電波傳送的基礎。主要提供語音通話及 SMS 短訊服務，傳輸速率最高為 9.6 Kbps，使用 900 MHz（又稱 GSM 900）、1800 MHz（又稱 GSM 1800）及 1900 MHz（臺灣未採用）三種頻率，需使用 SIM 卡（Subscriber Identity Module，使用者識別卡）才能使用。

電腦網路架構

GSM 提供使用者進行跨國的漫遊服務，但前提是該國家有提供此服務，亦需支付高額的漫遊費用；其優點為較不易受到監聽，缺點為容易產生回音。

8 3G 網路

第三代行動通訊系統，除了第二代的語音通話服務外，額外加上 IP 技術，讓行動電話也能有網際網路的服務；其傳輸速度分為三種：快速行進速度約 144 Kbps、慢速行進速度約 384 Kbps、靜止時的速度為 2 Mbps。

3G 又分為三種標準：

▶ WCDMA

全名為 Wideband Code Division Multiple Access，國內電信業所採用的系統，固定時的下載速度可到 2 Mbps，高速移動時的下載速度為 384 Kbps。

▶ CDMA 2000

全名為 Code Division Multiple Access 2000，日本、韓國及美國等國家採用此系統。

▶ TD-SCDMA

全名為 Time Division-Synchronized Code Division Multiple Access，目前僅有中國採用此系統。

9 4G 及 5G 網路

G（Generation）指的是第幾代，4G 則為第 4 代行動通訊技術。通常 4G 泛指使用無線基地台連線的 WiMAX，以及使用手機基地台連線的 LTE-A（Long Term Evolution Advanced）長程演進技術。目前主流技術為 5G 網路，使用 Massive MIMO（多輸入多輸出）技術，提升用戶同時連接的效能，並可使用 28 GHz 毫米波的高頻段（頻段愈高，可提供的頻寬愈高），提供更高的頻寬和數據吞吐量。由於 5G 網路因其穿透能力弱，容易因障礙物或距離過遠而中斷連接，此時連線設備會從 5G 網路自動切換到信號較強的 4G 網路。

▼ 表 2-4　國內行動通訊技術的比較

規格	速度	標準
3G	300 K～2 Mbps	W-CDMA
4G	100 M～1 Gbps	LTE Advanced（長期演進技術）、WiMAX Advanced（全球互通微波存取）
5G	1 Gbps～10 Gbps	NR（New Radio，5G 新無線技術標準），支援低延遲、高頻寬以及大量設備連接，適用於智慧生活與工業應用

▽ 表 2-5　無線傳輸媒體的比較

傳輸媒體	特性	應用
紅外線	直線、近距離	遙控電器（電視、冷氣、音響）
藍牙	發散、近距離	無線滑鼠、鍵盤、耳機、運動配件
RFID	發散、近距離	商場防盜、貨品物流追蹤、門禁磁卡、國道 ETC 收費、悠遊卡、便利商店的 Visa payWave、寵物晶片
NFC	發散、近距離	手機資料交換、手機小額付款（停車計時收費、智慧錢包）
Wi-Fi	發散、近距離、IEEE 802.11 協定	無線區域網路（WLAN）
WiMAX	發散、長距離、IEEE 802.16	50 km 傳輸距離、70 Mbps 的無線廣域網路（WWAN）
基地台電波	發散、長距離	電台廣播、手機訊號（GSM、3G、4G-LTE）
微波	直線、長距離	SNG 即時轉播車、GPS 全球定位系統
人造衛星	發散、長距離	遠方影像現場直播

2.2.3 無線網路範圍

1 無線個人網路（Wireless Personal Area Networks, WPAN）

　　網路規模主要以小範圍為主，目的是要讓個人所使用的資訊設備（筆記型電腦、智慧型手機、平板電腦等）能夠互相溝通，並做到資料交換的動作；主要的通訊技術有紅外線（IrDA）、藍牙（Bluetooth）、RFID、近場通訊（NFC）等。

▲ 圖 2-16　無線個人網路（WPAN）

2 無線區域網路（Wireless Local Area Networks, WLAN）

網路規模與有線區域網路一樣，範圍包括住家、辦公室、電腦教室、餐廳等，各個無線設備透過 AP（Access Point）無線基地台進行連接，常用的無線通訊標準為 802.11x。

3 無線廣域網路（Wireless Wide Area Networks, WWAN）

屬於大範圍的網路規模，相當於有線網路的廣域網路，其涵蓋範圍包含都市與都市之間或國家與國家之間的連線；我們日常生活中的行動通訊系統，就是屬於無線廣域網路。

透過無線廣域網路的服務，使用者可以利用智慧型手機連上網路進行語音通話、多媒體影音等大量訊息的傳輸；一般而言，無線廣域網路係由廠商自行架設的基地台，無法讓智慧型手機、平板電腦或筆記型電腦等所內建的無線網卡連接到網路。

WWAN 常用的無線通訊標準為 4G LTE、5G，透過電信業者基地台進行網路連線。

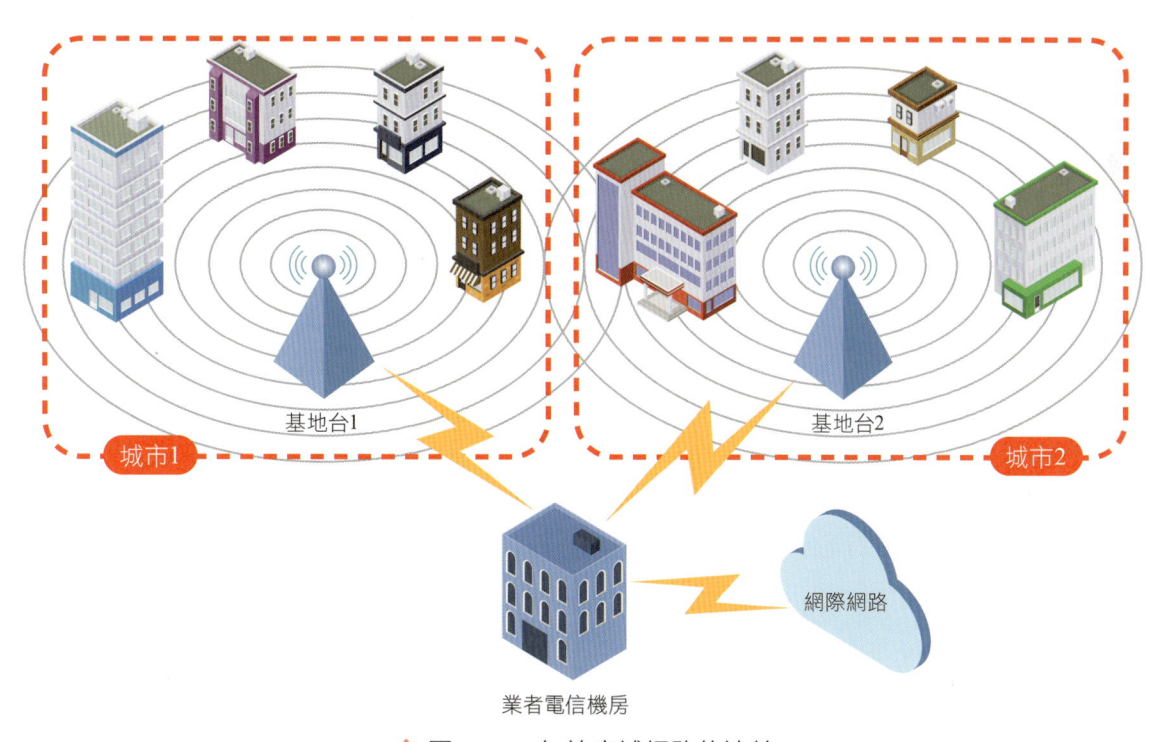

▲ 圖 2-17　無線廣域網路的連線

2.2 MCT 模擬試題

____ 1. 以下何者並非是 4G 網路的特色？
(A) 使用 OFDMA 進行資料的高速傳輸，並減少各資料載波間的互相干擾
(B) 使用載波聚合技術，透過聚集多個小段頻寬的方式以達到頻寬的擴展
(C) 在高速移動時，傳輸速率可達 100 Mbps，而在靜止狀態時，傳輸速率可達 1 Gbps
(D) 採用頻寬限制技術，以確保每個用戶都有相同的連線速度

____ 2. 根據國際電信聯盟（International Telecommunication Union, ITU）的定義，可稱之為 4G 技術，其高速移動及靜止狀態時的速度應為下列何者？
(A) 11 Mbps ～ 54 Mbps
(B) 54 Mbps ～ 300 Mbps
(C) 100 Mbps ～ 1 Gbps
(D) 300 Mbps ～ 1 Gbps

____ 3. 常見於商場防盜或貨品物流追蹤的無線傳輸技術為何？
(A) NFC
(B) RFID
(C) 藍牙
(D) 紅外線傳輸

____ 4. 下列何種技術是由 RFID 演化而來，可透過短距離、非接觸式、安全性高的特性進行點對點的傳輸？
(A) 藍牙
(B) 紅外線
(C) NFC
(D) Wi-Fi

____ 5. 何種技術常用於將運動用品設備（例如手環或球鞋）與手機進行無線連接，以偵測使用者心律偵測或跑步里程？
(A) RFID
(B) NFC
(C) 藍牙
(D) 紅外線

2.3 網路拓樸

1 星狀（Star）

一般家庭、辦公室或電腦教室之網路架構，採用的是星狀拓樸，一次只允許傳輸一種數位訊號，屬於乙太網路（Ethernet）的一種，採用 CSMA／CD 方式來偵測傳輸中的封包是否會發生碰撞。

通常以集線器（Hub）或是交換器（Switch）作為中央連線設備，特性是任一部電腦故障並不會影響整體網路，但若中央連線設備故障，則整個網路都無法繼續運作。

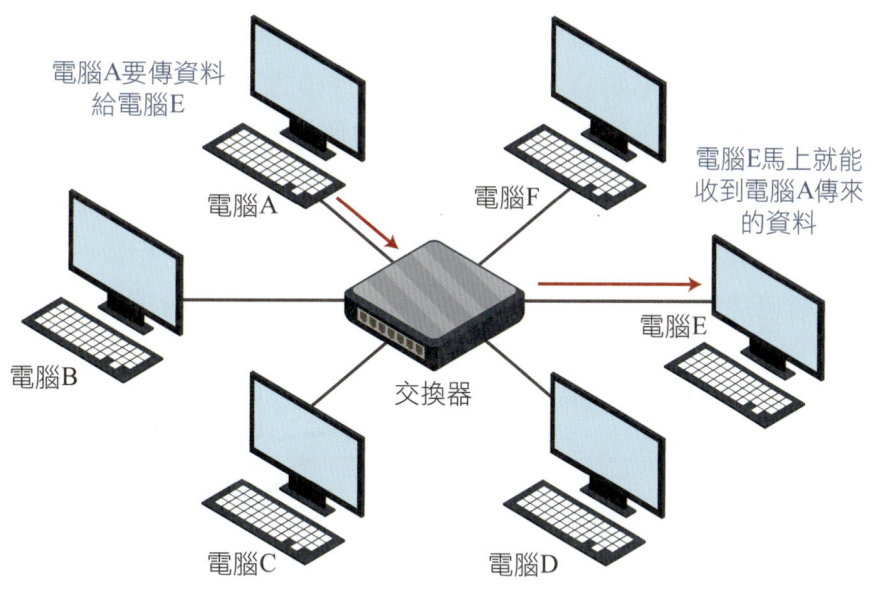

▲ 圖 2-18　星狀拓樸

2 匯流排（Bus）

主要使用同軸電纜作為傳輸介質，一次只允許傳輸一種數位訊號，和星狀拓樸相同，屬於乙太網路（Ethernet）的一種，採用 CSMA／CD 方式來偵測傳輸中的封包是否會發生碰撞。

在同軸電纜的兩端會接上終端電阻，作為訊號的終結點，以避免訊號反射而干擾網路。

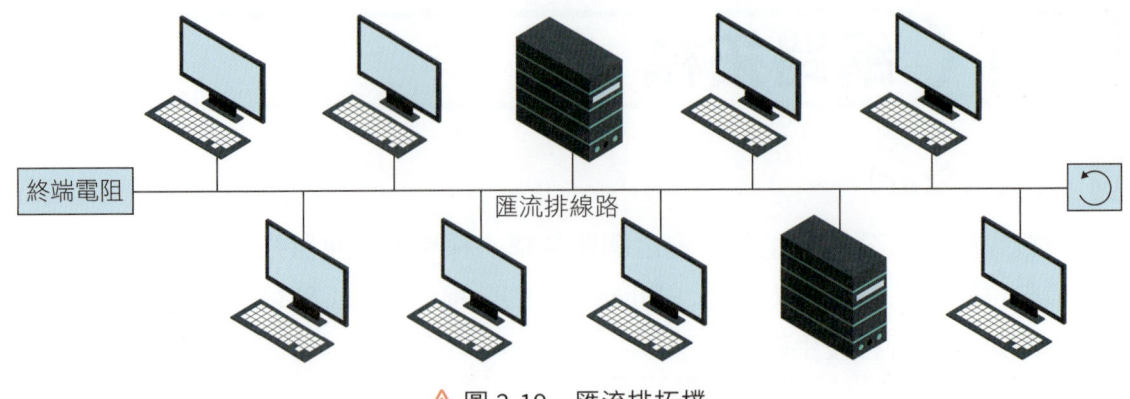

▲ 圖 2-19　匯流排拓樸

3 環狀（Ring）

　　透過 Token（記號）來決定哪一部電腦可以傳輸訊號，擁有記號的電腦才能傳輸資料；由於一次只允許一部電腦依照順時針或逆時針方向來傳輸資料，因此速度最快，當擁有記號的電腦已將資料傳輸完畢，便將記號擁有權傳給下一部電腦，但缺點是當環狀網路中的任一部電腦故障時，則整個網路都故障。

　　為了避免這種情況發生，便有了 FDDI 標準，其採用雙環狀拓樸（Double Ring），以光纖作為傳輸媒體，兩個環狀線路的傳輸方向彼此相反，當任一節點故障時，網路架構可從雙環變成單環以繼續運作，因此可作為備援使用。

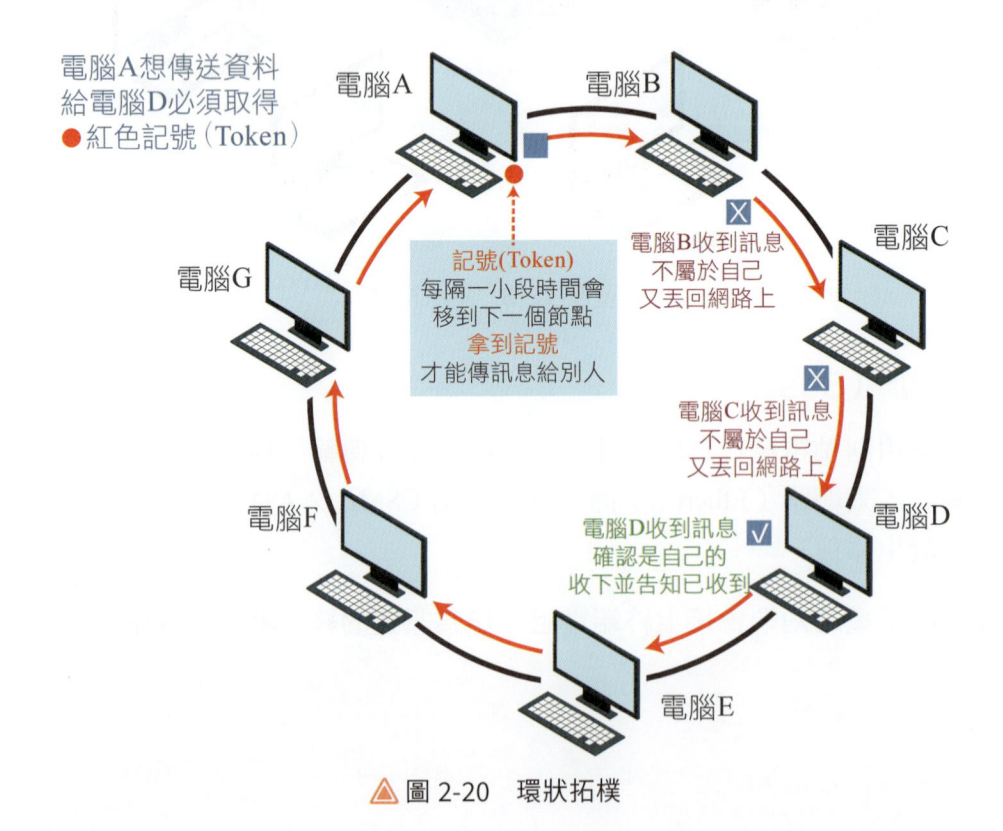

▲ 圖 2-20　環狀拓樸

4 網狀（Mesh）

網狀拓樸任一節點彼此相連，因此任一節點故障並不影響網路運作，架設成本較高，但可靠性高，容錯能力最好，例如：網際網路。此架構目前常見於以下環境：

1. **雲端與資料中心**：使用網狀拓樸在雲端網路架構和資料中心，以實現高可靠性、高效能的數據傳輸，是現代分散式計算與儲存的基礎網路架構。

2. **Mesh Wi-Fi**：網狀拓樸技術應用於家庭場景，其由多個無線節點（Router 或 Access Point）所組成以解決傳統路由器的覆蓋問題，提升用戶體驗。隨著 IoT（物聯網）的普及，Mesh Wi-Fi 將成為智慧家庭網路的核心技術之一。

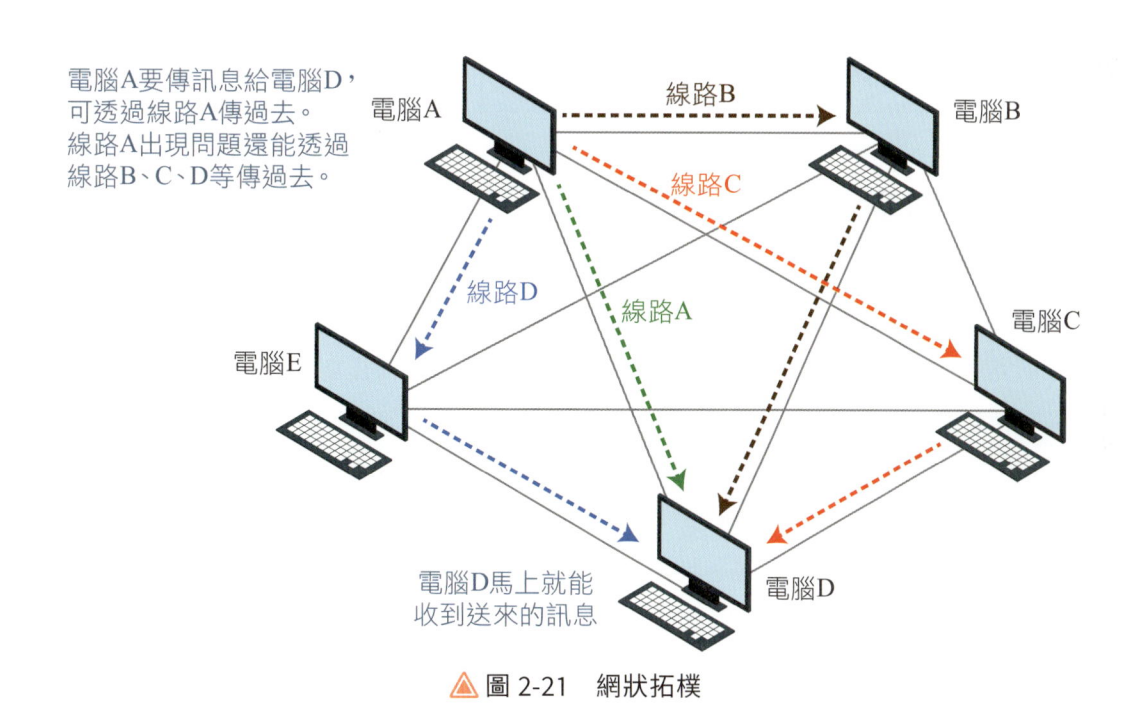

▲ 圖 2-21　網狀拓樸

▽ 表 2-6　網路拓樸的比較

網路拓樸	特性	優點	常用線材	常見標準及應用
星狀	透過中央主機（Hub 集線器）統一控管各節點，因此中央主機故障，所有網路無法運作。	成本低，易安裝。	雙絞線	乙太網路（IEEE 802.3）、區域網路（家庭、辦公室、學生宿舍、電腦教室）
匯流排	電纜兩端需加上終端電阻結束布線。	成本低，易安裝。	同軸電纜	乙太網路（IEEE 802.3）
環狀	取得記號（Token）的電腦才能傳送資料，任一節點故障則所有網路無法運作。	傳送速度最快。	光纖	FDDI（IEEE 802.4）、Token Ring（IEEE 802.5）
網狀	任兩個節點皆有路徑相連，任一節點故障不影響整個網路運作。	容錯能力最好，適用資料量大的網路。	雙絞線、無線傳輸	Internet 網際網路

補充站

多重載波存取／碰撞偵測（CSMA／CD），透過廣播的方式傳送訊號，運用於有線網路。在傳輸訊號之前，會先偵測是否正有其他資料正在傳送，若通道上沒有資料則傳送封包；在傳送封包時會進行封包碰撞的偵測（Carrier Detection），若發生碰撞則隨機等待一段時間再重新傳送。

多重載波存取／碰撞避免（CSMA／CA），應用於 Wi-Fi（IEEE 802.11）。採用碰撞避免機制，先等待一段隨機時間並確認通道是否暢通，之後發出 RTS（Request To Send）訊號，目的端收到 RTS 訊號後再回覆 CTS（Clear To Send）訊號，發送端確認收到 CTS 訊號才可開始傳送資料。

2.3 MCT 模擬試題

____ 1. 下列網路拓樸中,平均傳輸速度最快的是?
   (A) 樹狀
   (B) 環狀
   (C) 匯流排
   (D) 星狀

____ 2. 下列網路拓樸中,任一個節點電腦故障將使整個網路無法運作的是?
   (A) 環狀
   (B) 網狀
   (C) 星狀
   (D) 匯流排

____ 3. 下列網路拓樸中,當任一節點電腦故障並不會影響整個網路,容錯能力最高的是?
   (A) 環狀
   (B) 網狀
   (C) 星狀
   (D) 匯流排

____ 4. 下列關於環狀網路的敘述,何者有誤?
   (A) FDDI 為雙環狀網路,其使用兩條線路,可互作備援使用
   (B) 電腦需取得記號環(Token)始得傳輸資料
   (C) 在單環狀網路中,任一電腦故障並不會影響整個網路運作
   (D) 常使用光纖作為傳輸媒體

____ 5. 下列哪一種網路拓樸結構中,當中心節點(Central Node)發生故障時,會導致該拓樸中的所有裝置無法連接網路?
   (A) 網狀拓樸(Mesh Topology)
   (B) 星狀拓樸(Star Topology)
   (C) 樹狀拓樸(Tree Topology)
   (D) 匯流排拓樸(Bus Topology)

43

2.4 乙太網路與頻寬

2.4.1 乙太網路的介紹

乙太網路（Ethernet）使用 IEEE 802.3 標準，其網路拓樸為星狀及匯流排，常用於布建區域網路，例如：家庭、辦公室、學生宿舍、電腦教室；早期常以集線器（Hub）進行網路節點的佈建，因為 Hub 是其以廣播方式進行資料的傳送，並以 CSMA/CD 作為資料碰撞的偵測方式，資料傳輸以半雙工進行，最大的缺點是當資料量多時將會發生大量碰撞而使得網路變慢，稱為廣播風暴。現今網路設備以交換器（Switch）為主流設備，資料傳輸以全雙工的通信模式進行，以專用通道的傳輸方式取代 CSMA/CD 技術，可提供更高的效能、更低的延遲和更高的可靠性，滿足當前網路對高頻寬和低延遲的需求。

例如 1 GBaseT，是指以基頻傳輸速度 1 Gbps 的雙絞線路，用的是 Cat6 雙絞線，其為目前的主流網路線路。未來逐漸會被使用 Cat7（10 GBaseT）或 Cat8（40 GBaseT）的線路所取代。

▼ 表 2-7 乙太網路（IEEE 802.3）規格

IEEE 802.3 規格	
信號調變方式	基頻（Baseband）
媒體存取控制方法	早期使用 CSMA/CD 技術，現今以交換技術為主
網路的種類	10BaseT、100BaseTX、1000BaseT、10GBaseT
傳輸速率	10 Mbps ～ 10 Gbps
網路線材	Cat 5e、Cat 6、Cat 6a（UTP 雙絞線）
接頭	RJ-45
網路型態	星狀、網狀
長度限制	100 公尺 / 區段（雙絞線）
最大長度	支援 40 公里（光纖，1000Base-LX 或更高）

▼ 表 2-8 乙太網路（Ethernet）的傳輸標準

乙太網路標準	線材	連接頭	網路拓樸
10BaseT	UTP 雙絞線（Cat 3 或更高）	RJ-45	星狀
100BaseTX	UTP 雙絞線（Cat 5）	RJ-45	星狀
1000BaseT	UTP 雙絞線（Cat 5e 或 Cat 6）	RJ-45	星狀
10GBaseT	UTP 雙絞線（Cat 6a 或更高）	RJ-45	星狀
1000BaseLX/FX	單模光纖／多模光纖	LC/SC/ST	星狀
10GBaseSR/LR/ER	單模光纖／多模光纖	LC/SC	星狀／網狀

2.4.2 基頻與寬頻

電腦傳輸的方式分為基頻傳輸及寬頻傳輸。在區域網路（LAN）內的電腦透過網路卡及網路線進行「數位訊號」傳輸，稱為基頻傳輸，其在同一個時間點只能傳送一種信號，適用於高效的短距離數據傳輸。相較之下，在廣域網路（WAN）內的電腦，透過雙絞線、同軸電纜或是光纖進行「數位訊號或類比訊號」傳輸，稱為寬頻傳輸，其在同一時間點可以傳輸文字、聲音及影像多媒體，適合提供遠距教學、線上遊戲與虛擬實境等服務。

▼ 表 2-9　基頻傳輸與寬頻傳輸的比較

傳輸方式 各項比較	基頻（Base）傳輸	寬頻（Broad）傳輸
訊號	數位	早期使用類比訊號，目前大多使用數位訊號[註]
距離	短距離（通常不超過 100 公尺）	長距離（數公里至數十公里，依傳輸介質而定）
網路	區域網路（LAN，例如乙太網）	廣域網路（WAN，例如光纖網路、5G 網路）
應用	企業內部網路、家庭網路，以太網技術如 1000 BaseT 等	光纖寬頻、5G 網路、衛星網路，用於 8K 影音串流、遠距教育、雲遊戲、虛擬實境等場景
多通道技術	單一頻道內以時分多工（Time Division Multiplexing, TDM）進行傳輸	使用頻分多工（Frequency Division Multiplexing, FDM）進行多工傳輸

> **註** 早期寬頻使用同軸電纜線路，以類比訊號進行傳輸，目前已被 Cat 5e/Cat 6 雙絞線或是光纖所取代，使用數位訊號進行傳輸能達到高效能、高穩定性以及高頻寬的需求，因此成為目前網路技術的基礎。

2.4 MCT 模擬試題

___ 1. 關於基頻傳輸及寬頻傳輸的敘述，何者正確？
   (A) 基頻以 Broad 表示，寬頻以 Base 表示
   (B) 寬頻傳輸的是數位訊號
   (C) 基頻常用於廣域網路
   (D) 寬頻常用於有線電視

___ 2. 下列何者並非乙太網路（Ethernet）的特性？
   (A) 傳輸資料量大時，可能造成廣播風暴
   (B) 常見的網路拓樸為星狀或匯流排
   (C) 傳輸媒體可為光纖
   (D) 使用 IEEE 802.13 標準

___ 3. 下列關於網路使用線路與其使用的接頭配對，何者有誤？
   (A) 同軸電纜與 BNC 接頭
   (B) 網路雙絞線與 RJ-45 接頭
   (C) 電話雙絞線與 RJ-23 接頭
   (D) 光纖線路與 AUI 接頭

___ 4. 100 BaseTX 所使用的線材及傳輸速度為何？
   (A) 光纖／100 Mbps
   (B) 同軸電纜／100 Kbps
   (C) 雙絞線／100 Mbps
   (D) 任意線材／100 Kbps

___ 5. 下列有關 Cat 雙絞線的敘述，何者正確？
   (A) Cat 3 雙絞線是目前用於 Gigabit Ethernet 的標準線纜類型
   (B) Cat 5e 雙絞線支援的最大傳輸速率為 100 Mbps，最適用於電話網路連接
   (C) Ca t6 雙絞線相較於 Cat 5e，具有更高的頻寬並能更好地抑制串音干擾
   (D) Cat 7 雙絞線因為其使用 RJ-11 接頭而被廣泛應用於現代乙太網路

2.5 網路設備

1 無線中繼器（Wi-Fi Extender Repeater）

將衰退的訊號增強放大後再輸出，以延長訊號傳送的距離。當無線網路的傳輸距離過長時將會造成訊號的衰弱或遺失，因此需透過無線中繼器來放大以及強化傳輸訊號。

▲ 圖 2-22　無線中繼器的運作方式

2 數據機（Modem）

將數位訊號轉為類比訊號，稱為「調變」；將類比訊號轉為數位訊號，稱為「解調」。

▶ ADSL 數據機（非對稱式數位用戶線路）

ADSL（Asymmetric Digital Subscriber Line）數據機俗稱為小烏龜，其名稱為 ATU-R（ADSL Transceiver Unit Remote，非對稱數位用戶迴路遠端終止單元），主要用來連接 ISP，讓用戶端可以上網，具備簡易路由器的功能。ADSL 數據機以電話線做為傳輸媒介，利用分頻多工技術讓電話線路可以將聲音（打電話）及資料（上傳及下載）各自獨立運作，彼此間不會互相影響。

▲ 圖 2-23　ADSL 數據機

▼ 表 2-10　ADSL 的服務分類

IP 位址	適用的用戶端	說明
非固定制	一般使用者用戶	上網服務用戶端需要透過點對點通訊協定（Point-to-Point Protocol over Ethernet, PPPoE），於每次要連線上網時，配合專屬的帳號及密碼做認證，認證後才可上網。
固定制	企業用戶、公司行號或高階專業用戶	由於用戶端需要架設不同功能的網站伺服器（例如：DNS Server、Web Server、Mail Server、FTP Server 等服務），所以需要固定的 IP 位址。

● Cable 數據機

以第四台有線電視業者的纜線做為傳輸媒介，Cable 數據機相對於 ADSL 數據機的優點為頻寬相當大。若在夜深人靜時使用網路，由於上網人數很少，沒有太多人共享網路頻寬，上網速度會比較快速；相對地，Cable 數據機的缺點也是因為共享頻寬，在熱門時段大家都在觀賞第四台電視，同時又有許多人在使用網路，就會明顯感覺到上網速度嚴重地不足。

值得注意的是，Cable 數據機的 IP 位址由 ISP 以 DHCP 方式動態指定，對於想要架設伺服器的使用者而言，比較不適合。

3 橋接器（Bridge）

用於連接兩個「相同」通訊協定的網路，位於 OSI 的第二層（資料連結層），將收到的訊框以 MAC 位址劃分成不同的網段，再配合訊框（Frame）過濾的功能，針對訊框內的 MAC 資訊加以比對，並判斷該轉送（Store and Forward）到何處；若訊框要傳送的目的地屬於同一個網段（網段 A），就會擋住訊框，不讓它跑到別的網段（如圖 2-24 中實線傳送的方向）；若訊框的目的地是屬於不同網段（網段 B），它才會放行讓訊框過去（如圖中虛線傳送的方向），如此將可有效降低網路的流量。

橋接器還有兩個功能，如下說明：

● 位址學習（Address Learning）

當某個訊框一直頻繁穿梭於網段間（A 到 B 或 B 到 A），就會將其歸類到同一網段（網段 A 或網段 B），以降低網路的流量。

● 分割網路

當一個網路的電腦數量增多時，橋接器會將網路分割成兩個較小的區域，將可有效降低網路流量及訊號碰撞的機會。

電腦網路架構

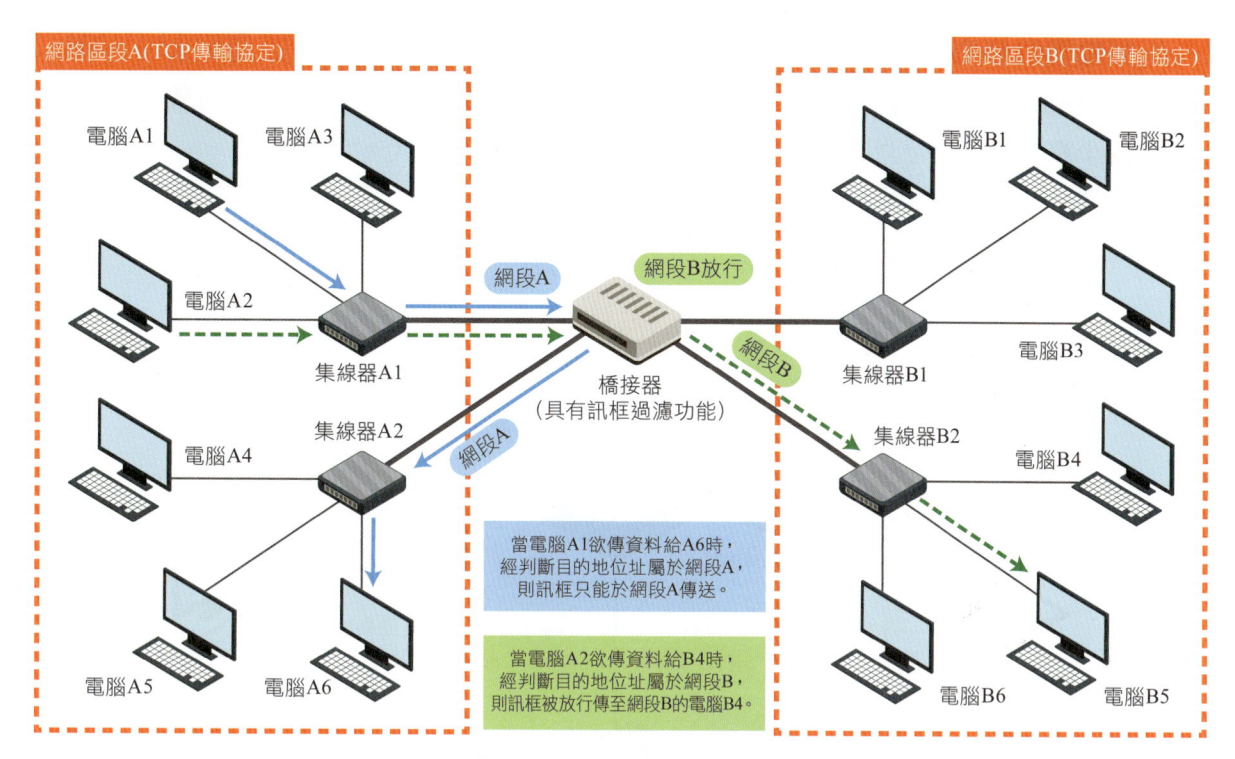

網路區段A(TCP傳輸協定)

電腦A1　電腦A3
電腦A2
集線器A1
集線器A2
電腦A4
電腦A5　電腦A6

網段A
網段B放行
網段B
網段A

橋接器
（具有訊框過濾功能）

當電腦A1欲傳資料給A6時，經判斷目的地位址屬於網段A，則訊框只能於網段A傳送。

當電腦A2欲傳資料給B4時，經判斷目的地位址屬於網段B，則訊框被放行傳至網段B的電腦B4。

網路區段B(TCP傳輸協定)

電腦B1　電腦B2
集線器B1　電腦B3
集線器B2　電腦B4
電腦B6　電腦B5

▲ 圖 2-24　橋接器運作方式

4 集線器（Hub）

　　集線器與用來收容多個 LAN 入口埠並整合為一個的 WAN 出口埠，採用廣播方式傳輸封包，因此封包碰撞機率較高，容易發生廣播風暴，也因為如此，集線器適用於小型網路使用，若 LAN 內的電腦使用 BT 續傳或 P2P 軟體時，網路速度將會變得特別緩慢。

　　下圖為四個埠口的集線器，一般來說，習慣將外部 WAN 連上編號 1 的埠口，其他三埠則連接內部 LAN 的網路線。

▲ 圖 2-25　四個埠口的集線器

集線器的頻寬是共享的，如下圖所示。當連接到集線器的電腦設備增加時，網路的頻寬會互相被影響。由於交換器（Switch）能使網路達到更高的使用效率並能有效減少網路延遲，因此目前集線器已幾乎被交換器所取代。

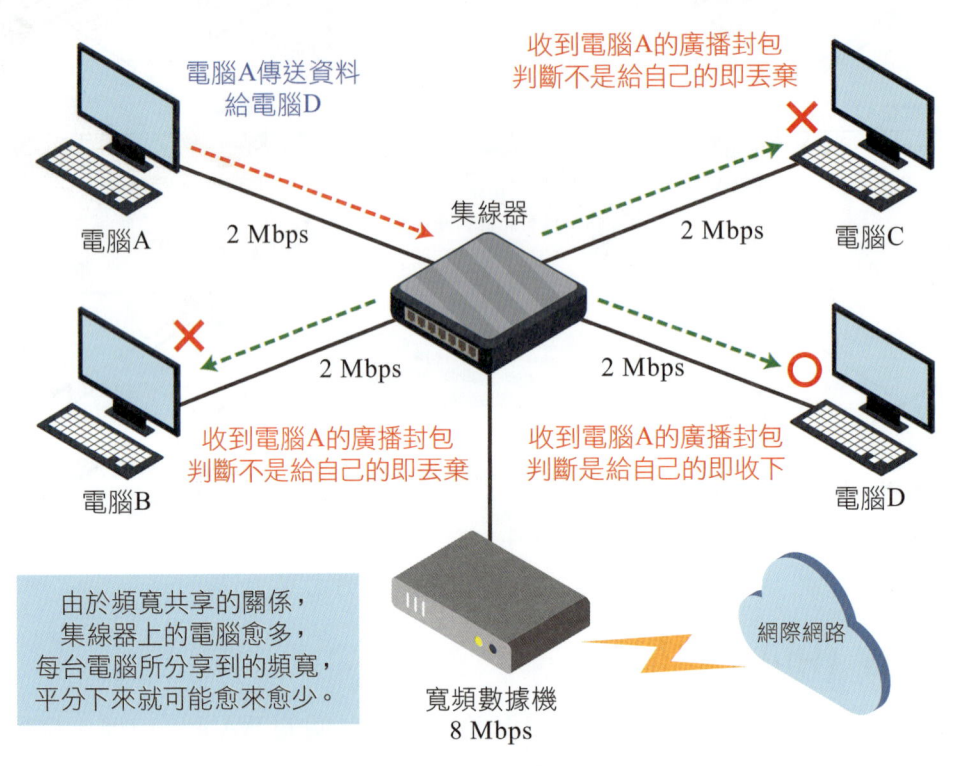

▲ 圖 2-26　集線器以廣播方式傳輸封包

5 交換器（Switch）

與集線器的功能類似，但交換器會記錄目的主機的 MAC 位址在機器的 Switch Table 紀錄表中，傳送端的資料可因此正確地傳到目的端，不需要一直用廣播來尋找目的主機。

由於每個連接埠皆以獨立的線路進行資料傳輸，不會受到電腦數量的多寡而彼此影響，故交換器的資料傳遞效能優於集線器，封包碰撞機率亦較低。

▲ 圖 2-27　二十四個埠口的交換器

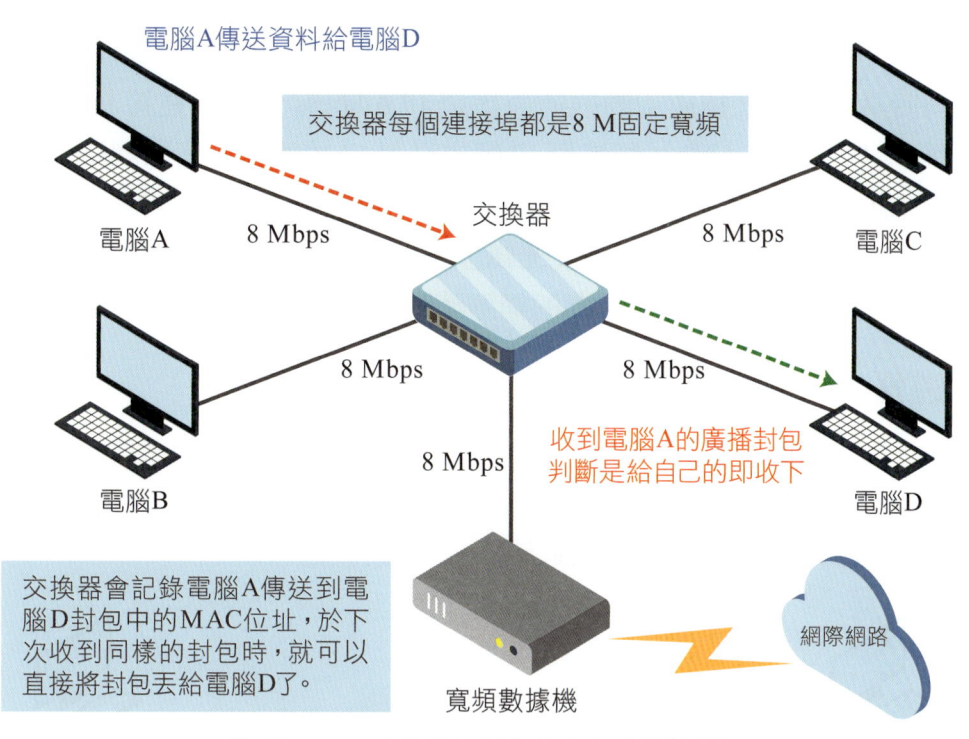

▲ 圖 2-28　交換器以獨立線路方式傳輸封包

6 路由器（Router）

　　路由器位於 OSI 第三層，可用來連接區域網路及廣域網路；其使用 IP 協定，負責將有編號的封包以最佳的路徑（花費較少、速度較快）傳遞到目的端，此路徑稱之為選路（Routing）。現今路由器不僅負責傳統的封包路由功能，還能進行頻寬管理、QoS（服務品質保障）、網路安全等多項操作，滿足智慧家庭和企業網路的需求，其整合了多項先進技術，包括：

1. **Mesh Wi-Fi**：透過多節點網狀架構延伸無線網路範圍，提供更穩定、無縫的無線網路覆蓋，特別適合大面積或多樓層環境。

2. **OFDMA（正交頻分多工存取）**：可同時服務多個用戶，提升頻寬利用率與傳輸效率，是 Wi-Fi 6 路由器的核心技術。

3. **MIMO（多輸入多輸出）**：使用多根天線同時傳輸和接收數據，支持多用戶高效傳輸，提升網路容量和速度。

4. **MU-MIMO（多用戶 MIMO）**：進一步加強了多設備的同時連接能力，適合高密度使用場景。

7 IP 分享器

是同時具有 DHCP 技術（動態的將虛擬 IP Address 分配給連接其設備 LAN 埠口的電腦），以及 NAT 技術（將虛擬 IP 轉成真實 IP 並連線到網際網路）的網路設備；一般來說，家庭租借的 ADSL Modem 通常也是 IP 分享器，該設備除了用來轉換數位訊號（網路線）與類比訊號（光纖或雙絞線）之外，亦可讓家庭內的多部電腦透過虛擬 IP Address 以連線到外部的網際網路。

8 閘道器（Gateway）

用來連接並轉換兩個「不同」協定的網路設備，為區域網路電腦對外的主要連結設備，通常作為 LAN 網路與 WAN 網路的連結設備；由於閘道器要負責與不同通訊協定溝通，因此屬於 ISO 架構中橫跨七層的網路設備。

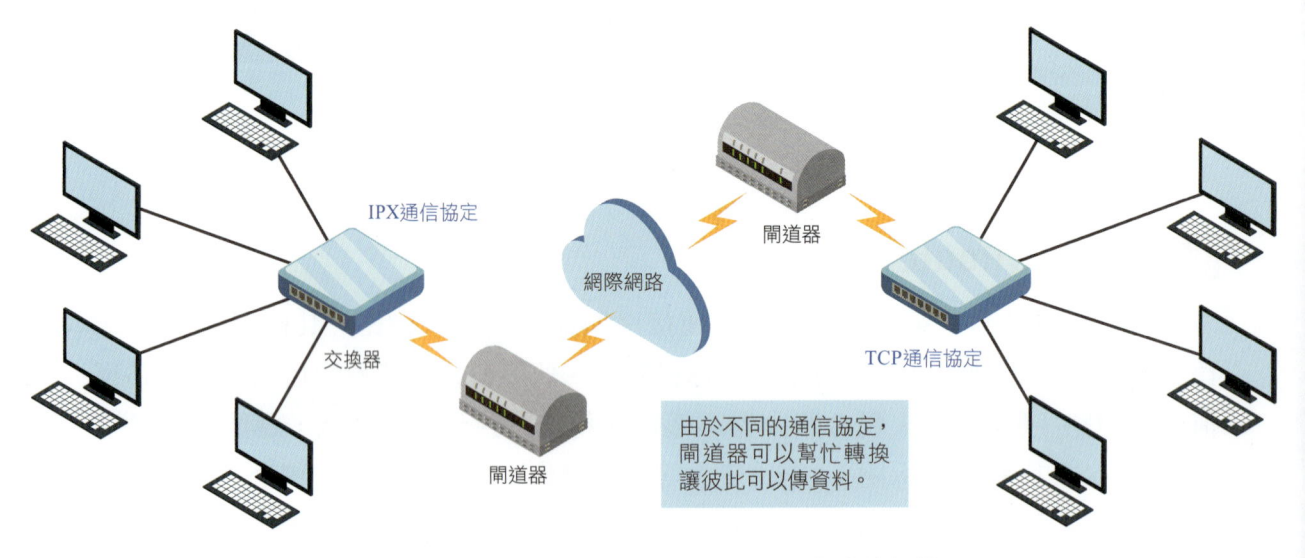

▲ 圖 2-29　閘道器作為 LAN 與 WAN 的連接設備

9 防火牆（Firewall）

防火牆的主要功能是在內部網路與外部網路（例如網際網路）之間設置一道防線（防火牆規則），通過檢查與控制進出網路的數據封包與流量來隔絕外來的攻擊，以保障內部網路的安全。現代防火牆已進化為下一代防火牆（NGFW, Next-Generation Firewall），結合多層次的安全功能：

▶ 檢測與防護

- 應用層檢測：能識別並管理具體應用程式的資訊流量，而非僅僅依賴 IP 和埠號（Port Number）過濾。
- 威脅防護：提供入侵防禦系統（IPS）、惡意軟體檢測和實時威脅情報。
- 加密流量檢查：支持 SSL/TLS 加密流量的深入檢查，防止攻擊藏匿於加密流量中。

▶ 零信任架構（Zero Trust Architecture）

- 微隔離（Micro-Segmentation）：在內部網路中實現細粒度的安全分段，限制資訊流量僅在授權的工作負載之間傳輸。
- 用戶與設備驗證：通過多重身分驗證與設備檢測機制，確保僅可信任用戶和設備能訪問資源。

▶ 雲端環境

- 雲端防火牆：運行於雲端的虛擬防火牆，可保護跨區域的多雲架構。
- 容器安全：支持對容器化應用的安全檢測與隔離，適應雲原生架構的需求。

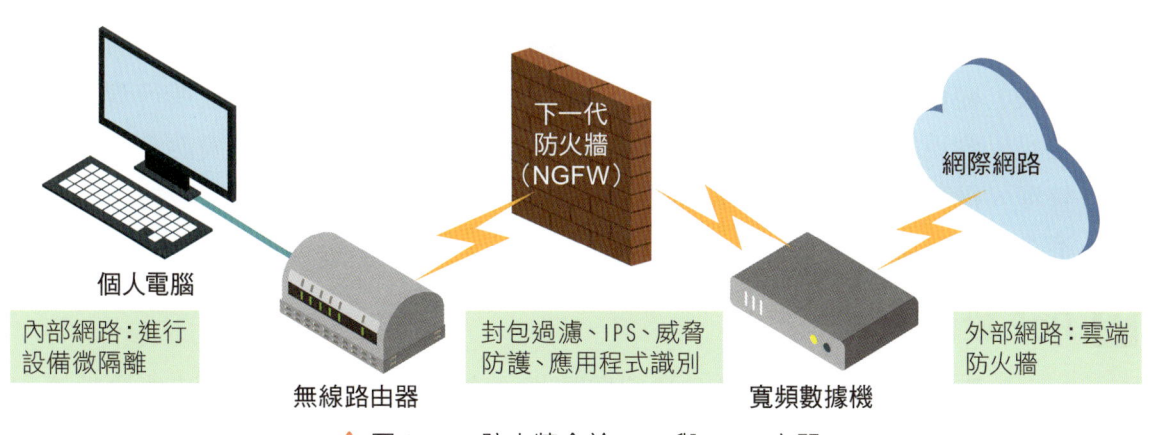

▲ 圖 2-30 防火牆介於 LAN 與 WAN 之間

防火牆分為軟體防火牆及硬體防火牆。軟體防火牆利用程式針對網路封包進行過濾、入侵防禦系統（IPS）、威脅防護、應用程式識別等等，常見的軟體防火牆便是 Windows 內建的防火牆。硬體防火牆比較專業，其將程式寫入到網路設備中，由硬體來執行，速度上會快很多，功能也比較齊全。家中的無線路由器也有簡單的防火牆功能，但防護的效果就沒專業級防火牆來得好。

防火牆無法防止病毒的入侵，因為防火牆主要是針對網際網路進出的封包加以過濾，而病毒感染的途徑並不一定是從網路來；例如，使用者從學校或公司將 USB 隨身碟帶回家使用，有些病毒只要隨身碟插入後馬上就自動執行，在使用者未查覺的情況下，潛入到電腦中的記憶體，進而感染整個作業系統。

這個未經網路傳輸而被病毒感染的方式，對防火牆來說是無法過濾的；因此，若要防止病毒入侵，仍應安裝防毒軟體，而使用者也需經常更新病毒碼，並每隔一段時間便執行掃毒，才能有效預防電腦病毒的侵襲。

10 智能交換器（Smart Switch）

智能交換器是一種網路交換設備，比傳統的基本交換器具備更多的功能和控制能力。它可以支持基本的交換（Switch）功能，如交換資料封包和建立網路連接，並提供一些額外的配置選項，例如 VLAN、網路監控、QoS（服務質量）及安全功能。智能交換器比無管理交換器（Unmanaged Switch）更靈活，通常適用於中小型企業或需要一定程度管理功能的網路環境。

11 SDN 技術（Software-Defined Networking）

軟體定義網路（SDN）是一種網路架構，將網路的控制層（如路由與交換決策）從傳統的硬體設備中分離出來，並集中在一個軟體平台上進行管理。這樣可以實現網路的集中控制、靈活配置和自動化管理。SDN 技術能夠簡化網路管理、提高資源利用效率並加速網路服務的部署，特別適用於大數據中心、大型企業及雲端環境。

12 PoE 設備

PoE（乙太網供電）是一種線路技術，允許一條乙太網線同時傳輸數據和電力。PoE 技術使得連接到網路的設備（如 IP 攝像頭、無線接入點、IP 電話等）不再需要額外的電源線，透過網路線（例如 Cat 5e 或更高規格的乙太網線）即可同時接送數據和電力。這種線路適用在不方便安裝額外電源插座的情況下，簡化線路的部署。

補充站

1. 網路位址轉換技術（Network Address Translation, NAT）

　　IP 分享器中使用 NAT 技術，可以讓很多個虛擬私有 IP（Private IP），也就是沒有分配到合法公有 IP 位址的電腦，在與網際網路溝通時，將私有 IP 轉換成所分配到的一個合法公有 IP（Public IP）位址，讓沒有分配到合法公有 IP 位址的電腦們，也能夠連線上網際網路。

　　整體來說，NAT 的功能就是讓很多個私有 IP 共用一個合法 IP，讓每台是虛擬 IP 位址的電腦都能夠上網。

　　下圖為 NAT 網路位址轉換過程：

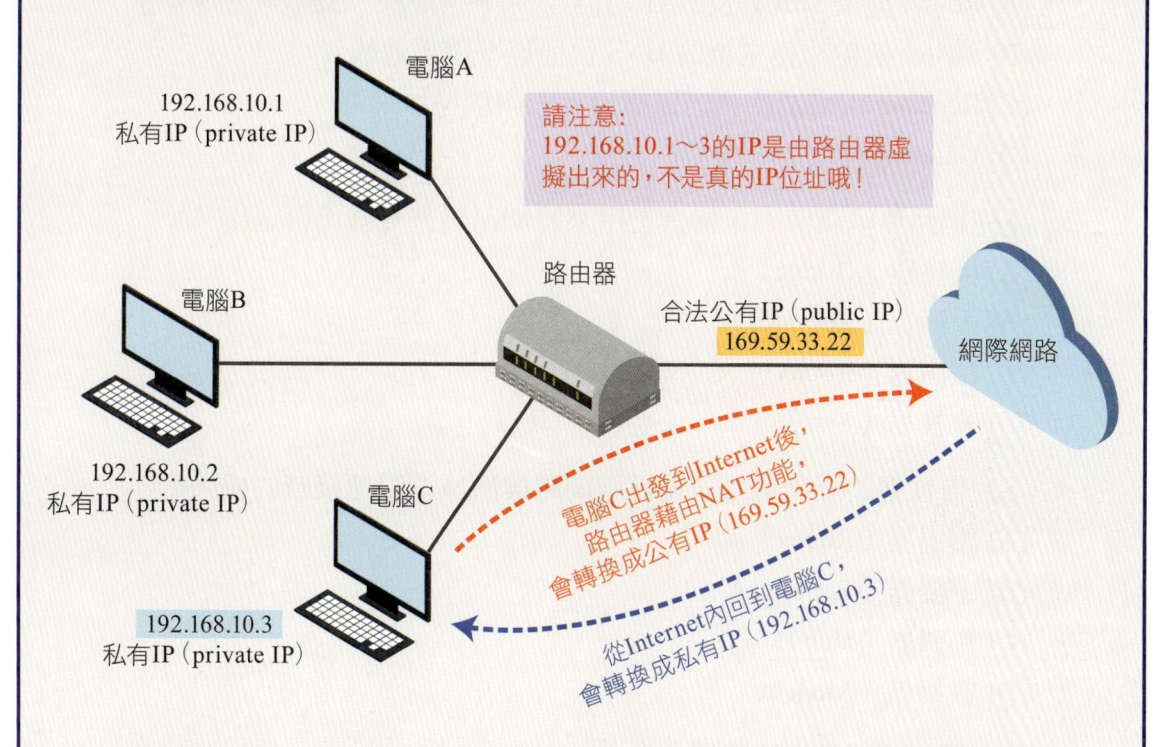

電腦A
192.168.10.1
私有IP（private IP）

請注意：
192.168.10.1～3的IP是由路由器虛擬出來的，不是真的IP位址哦！

電腦B
192.168.10.2
私有IP（private IP）

路由器

合法公有IP（public IP）
169.59.33.22

網際網路

電腦C
192.168.10.3
私有IP（private IP）

電腦C出發到Internet後，路由器藉由NAT功能，會轉換成公有IP（169.59.33.22）

從Internet內回到電腦C，會轉換成私有IP（192.168.10.3）

2. 動態主機設定協定（Dynamic Host Configuration Protocol, DHCP）

　　其功用在幫區域網路內的每一台電腦分配一個私有的 IP 位址，對於網路管理者及使用者而言，相當地方便。

　　如果今天新增了一台電腦，透過 DHCP 會自動分配一個 IP 位址給新電腦，新電腦馬上就能上網；反之，若沒有 DHCP 的幫忙，網路管理者或使用者就得自己去設定 IP 位址、子網路遮罩、預設閘道及 DNS 伺服器等動作。

2.5 MCT 模擬試題

____ 1. 下列哪一項網路設備,可以隔離企業內部網路與網際網路,具有防止駭客入侵的功能?
(A) 橋接器(Bridge)
(B) 路由器(Router)
(C) 防火牆(Firewall)
(D) 交換器(Switch)

____ 2. 下列關於網路設備的敘述,何者正確?
(A) Router 提供 DHCP 及 NAT 功能
(B) Switch 記錄來源主機的 DNS 位址以準確地傳輸資料
(C) Repeater 用來連接相同通訊協定的兩個區域網路
(D) Gateway 位於 OSI 模型的各層

____ 3. 下列網路傳輸設備中,何者是用來將網路訊號增強後再送出?
(A) 橋接器(Bridge)
(B) 中繼器(Repeater)
(C) 路由器(Router)
(D) 交換器(Switch)

____ 4. 下列何種網路設備可以作為區域網路與廣域網路連接時的橋梁?
(A) 路由器(Router)
(B) 中繼器(Repeater)
(C) 集線器(Hub)
(D) 數據機(Modem)

____ 5. 下列哪一項不是網路設備?
(A) 集線器(Hub)
(B) 直譯器(Interpreter)
(C) 路由器(Router)
(D) 交換器(Switch)

2.6 ISO / OSI 模型與 DoD 模型

2.6.1 ISO / OSI 模型

OSI 模型中的每一層都有其功能與作用，先透過圖 2-33 來說明這七層架構的主要功能概念。

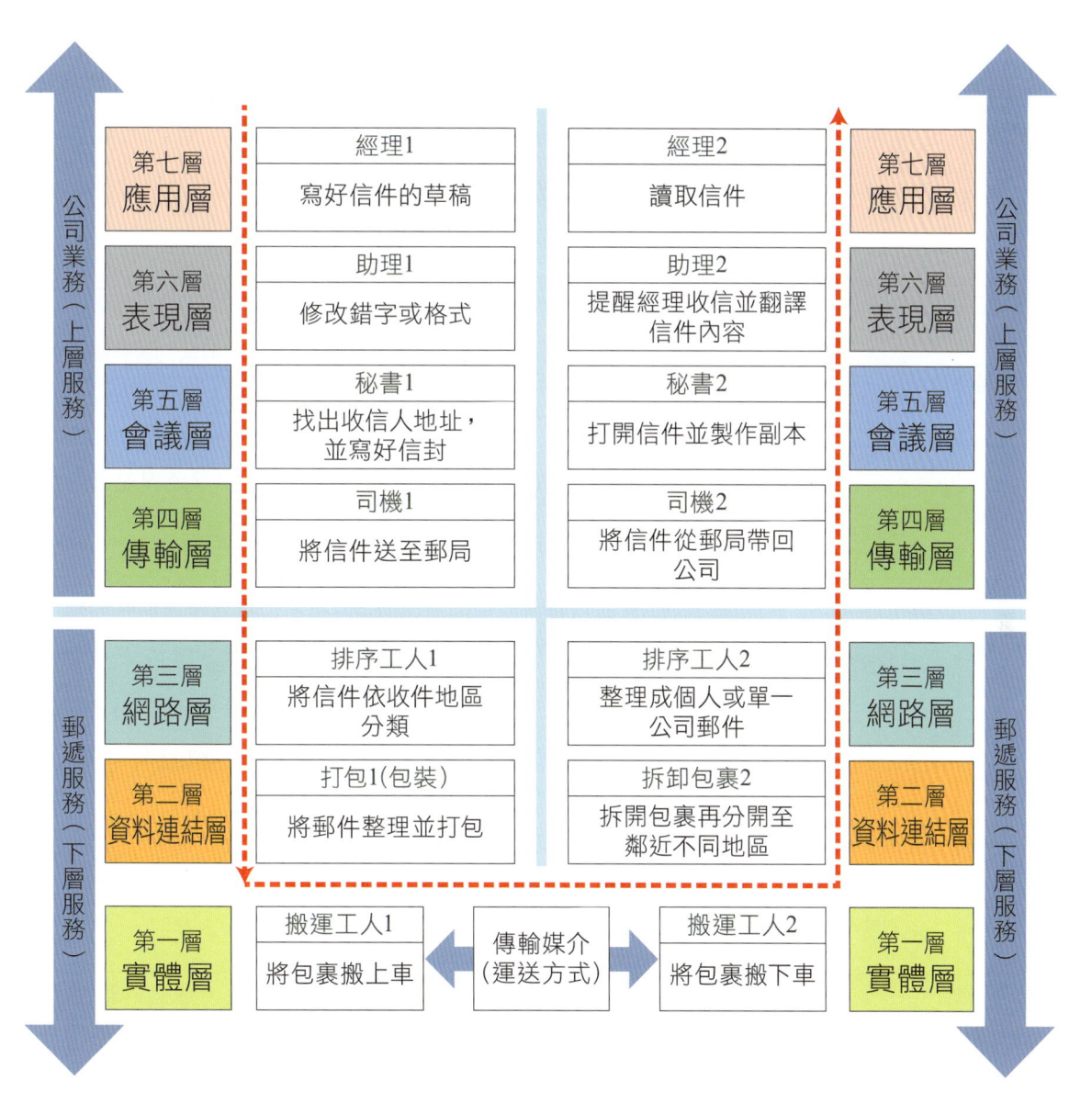

公司業務（上層服務）					公司業務（上層服務）
	第七層 應用層	經理1 寫好信件的草稿	經理2 讀取信件	第七層 應用層	
	第六層 表現層	助理1 修改錯字或格式	助理2 提醒經理收信並翻譯信件內容	第六層 表現層	
	第五層 會議層	秘書1 找出收信人地址，並寫好信封	秘書2 打開信件並製作副本	第五層 會議層	
	第四層 傳輸層	司機1 將信件送至郵局	司機2 將信件從郵局帶回公司	第四層 傳輸層	

郵遞服務（下層服務）					郵遞服務（下層服務）
	第三層 網路層	排序工人1 將信件依收件地區分類	排序工人2 整理成個人或單一公司郵件	第三層 網路層	
	第二層 資料連結層	打包1(包裝) 將郵件整理並打包	拆卸包裹2 拆開包裹再分開至鄰近不同地區	第二層 資料連結層	
	第一層 實體層	搬運工人1 將包裹搬上車	傳輸媒介（運送方式） ↔ 搬運工人2 將包裹搬下車	第一層 實體層	

▲ 圖 2-31　郵件收發與 OSI 七層的對照

OSI 的全名為開放式系統互聯通訊模型（Open Systems Interconnection Reference Model），是由 ISO（International Organization for Standardization）國際標準化組織於 1983 年所提出的網路通信參考模型，其將資料通訊的步驟分成數層，並定出各層的職責，各個層級獨立運作並且互不干擾。

OSI 模型的主要目的，是為了讓使用者或網管人員能夠很清楚地知道，自己的電腦與其他網路上的電腦該如何進行溝通，以及如果網路出了問題應採取什麼方式來處理等等。

由於 OSI 模型是一個標準作業流程，依照這個標準作業流程，可以讓我們找出到底網路是哪個部分出了狀況，針對問題處理，如此才能對症下藥，藥到病除。

而 OSI 模型共分為七層，各層的作用如下表所示。

▽ 表 2-11　OSI 七層的主要功能

層級	名稱	功能
第七層	應用層 （Application Layer）	1. 提供網頁瀏覽（HTTP）、電子郵件（SMTP、POP3）、傳輸檔案（FTP）等網路應用服務給使用者。 2. 專門負責處理應用程式出錯的相關問題。
第六層	表現層 （Presentation Layer）	1. 提供正確的資料格式，編碼與解碼、解壓縮與壓縮、加密與解密工作。 2. 專門負責處理作業系統安全認證等相關問題。
第五層	會議層 （Session Layer）	1. 為通訊雙方制定的溝通方式,也可解釋為連線對話控制。 2. 負責處理兩端是否正常連線等相關問題。 3. 資料交換方式可使用單工、半雙工或全雙工。
第四層	傳輸層 （Transport Layer）	1. 控制資料流量、偵錯及錯誤處理，確保通訊順利。 2. 專門處理資料送出及返回相關問題。
第三層	網路層 （Network Layer）	1. 負責分區定址及選擇最佳傳輸路徑。 2. 專門負責處理 IP Address 等相關問題。
第二層	資料連結層 （Data Link Layer）	1. 錯誤偵測與更正，確保資料的正確性，透過 ARP 協定將 IP Address 轉成 MAC Address；或透過 RARP 協定將 MAC Address 反轉成 IP Address。 2. 專門負責處理 MAC Address 等相關問題。
第一層	實體層 （Physical Layer）	1. 確認兩台電腦間的連接協定及連線傳輸方式。 2. 網路硬體設備及線材相關問題的處理。

2.6.2 OSI 實際傳送到接收的流程

以下假設電腦 A 要傳送資料給電腦 B，藉此說明 OSI 模型實際傳送資料給接收端的動作：

步驟	動作內容
一	從上層（第七層）的應用層（Application Layer）開始將資料加上標頭（Header）。如圖 2-32 左邊最上層（應用層）所看到的 AH DATA，第六層的表現層（Presentation Layer）也加上標頭，PH AH DATA，就這樣一層一層地往下傳送。
二	到最後的實體層時，這些資料會被轉成位元訊號，如圖 2-32 的 111101001010……000111，透過實體連線的方式將資料送到對方的電腦去。
三	電腦 B 的實體層接收到電腦 A 傳過來的位元訊號後，開始由下往上接收資料，然後每一層開始做拆卸的動作。 如電腦 B 的第二層資料連結層（Data Link Layer），圖 2-32 中的 DH NH TH SH PH AH DATA，就會將自己所屬的標頭 DH 從資料中抽離開來，然後往上傳給第三層，第三層網路層（Network Layer）就會收到少了資料連結層標題的資料，如電腦 B 的第三層 NH TH SH PH AH DATA。
四	到了最上層（應用層）就可以取得電腦 A 所傳送過來的資料 AH DATA，詳細狀況可以參考下圖粗虛線的傳送路徑。

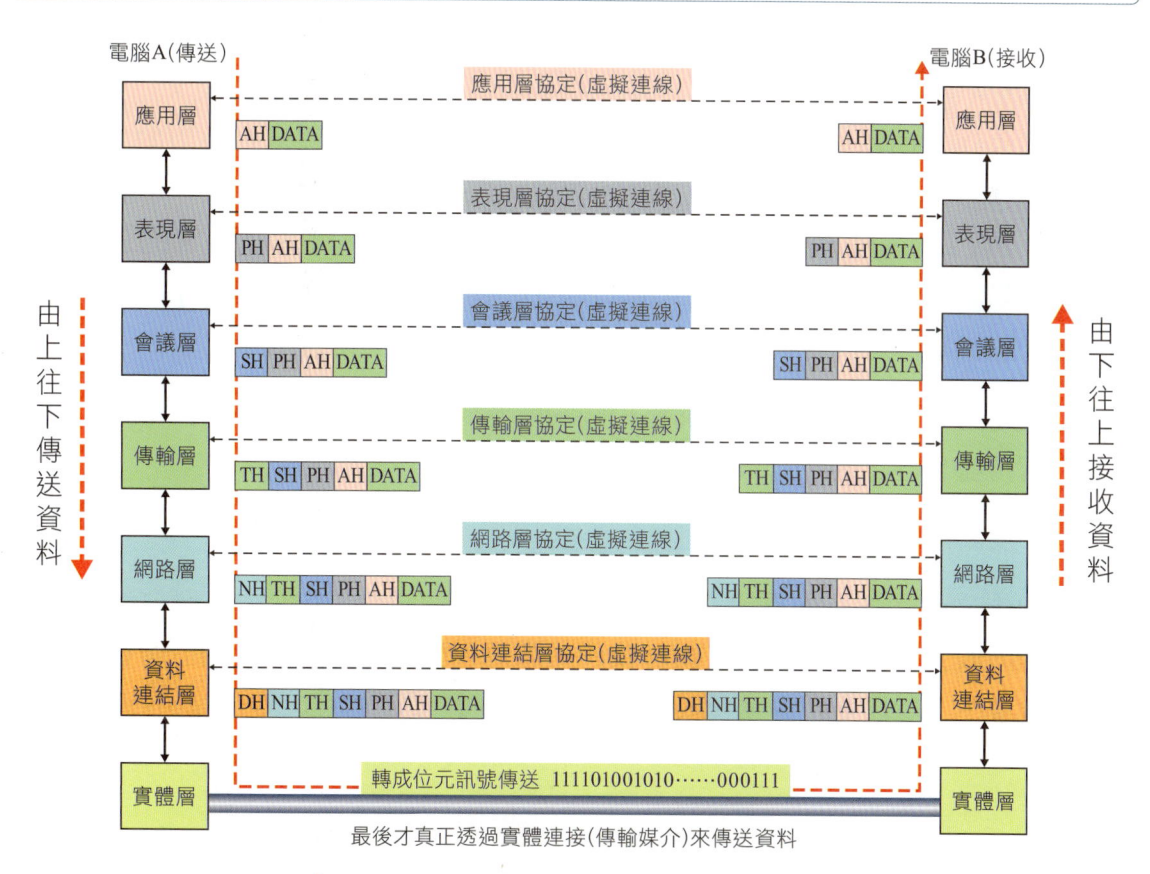

▲ 圖 2-32　OSI 模型中實際傳送到接收的過程

▼ 表 2-12　OSI 架構的各層協定及設備

OSI 模型	資料型態	協定	設備
應用層	資料	HTTP（80）、HTTPS（443）、FTP（21）、IMAP（143）、SMTP（25）、POP3（110）、Telnet（23）、DNS（53）、DHCP（67、68）	
表現層			
會議層			
傳輸層	區段（Segments）	TCP、UDP	交換器
網路層	封包（Packet）	IP、ARP、ICMP	IP 分享器（NAT 及 DHCP）、路由器、交換器
資料連結層	訊框（Frame）	CSMA/CD、FDDI、Wi-Fi	網路卡、橋接器、交換器
實體層	位元（bit）		有線傳輸媒體（雙絞線、同軸電纜、光纖）、數據機、中繼器、集線器

2.6.3 網路通訊協定

假設傳送端的電腦是 Windows 11 版本，而接收端的電腦是較舊版的 Windows 7，或是其他的作業系統如 Linux，因為兩邊的電腦是不同的作業系統，可能會發生 Windows 7 或 Linux 收不到 Windows 11 所傳的資料，或根本不知道送來的是什麼資料，造成錯誤訊息的出現等等。假如遇到這種情況時，應該要怎麼做才能確保雙方的電腦，正確地傳送與接收資料呢？這時，就需使用「網路通訊協定」。

「網路通訊協定」是許多與網路相關的廠商們，經過多次的討論與協調，最後才一致認可並且一起遵守的網路規範及標準。

為什麼要這麼麻煩呢？

就像上文提到的，如果沒有通訊協定的話，很有可能資料送出到中途就不見了，或對方收到不完整的資料，誤解我們的意思，因而造成錯誤；由於有很多的不確定性會發生，所以通訊協定便成了在彼此溝通時，最重要且不可或缺的橋梁。

電腦網路架構

1 應用層的協定

協定	說明
HTTP 協定（超文字傳輸協定，HyperText Transfer Protocol）	提供網際網路的服務，讓瀏覽器及網站伺服器可以彼此溝通。
FTP 協定（檔案傳輸協定，File Transfer Protocol）	提供檔案傳輸的服務，讓兩端的使用者可以互相傳遞資料及檔案。
TFTP 協定（簡單式檔案傳輸協定，Trivial File Transfer Protocol）	提供不需認證就能做檔案傳輸的服務，常用於韌體更新時。
Telnet 協定（終端模擬協定，Terminal Emulation Protocol）	提供遠端模擬終端機登入連線的服務。
SSH 協定（安全殼協定，Secure Shell Protocol）	提供安全性較高的遠端模擬終端機登入連線的服務。
SMTP 協定（簡單郵件傳輸協定，Simple Mail Transfer Protocol）	提供傳送郵件的服務。
POP3 協定（郵局通訊協定第 3 版，Post Office Protocol Version 3）	提供接收郵件的服務。
IMAP4 協定（郵件存取協定第 4 版，Internet Message Access Protocol Version 4）	提供接收郵件的服務。
DHCP 協定（動態主機配置協定，Dynamic Host Configuration Protocol）	提供動態分配 IP Address、Subnet Mask、Gateway Address、DNS 的服務。
DNS 協定（網域名稱解析系統協定，Domain Name System Protocol）	提供將主機名稱轉成 IP 位址，或 IP 位址轉成主機名稱的服務。

2 傳輸層的協定

協定	說明
TCP 協定（傳輸控制協定，Transmission Control Protocol）	提供可靠的資料傳送及連接到網路的服務。
UDP 協定（使用者資料元協定，User Datagram Protocol）	提供簡單但不可靠的資料傳輸服務。

3 網路層的協定

協定	說明
IP 協定（網際網路協定，Internet Protocol）	提供選擇網路路徑的服務。
ICMP 協定（網際網路控制訊息協定，Internet Control Message Protocol）	提供連線訊息給傳送端，也可以說它負責處理偵錯與傳輸控制的工作，此協定會使用到指令：ping、tracert。
ARP 協定（位址解析協定，Address Resolution Protocol）	以廣播的方式將 IP 位址轉譯成對應的 MAC 實體位址。
RARP 協定（反向位址解析協定，Reverse Address Resolution Protocol）	將 MAC 實體位址轉譯成 IP 位址。

4 資料連結層的協定

協定	說明
Ethernet（乙太網路）	有線區域網路的標準，傳輸速度為 10 Mbps。
Fast Ethernet（高速乙太網路）	有線區域網路的標準，傳輸速度為 100 Mbps。
Token Ring（權杖環形網路）	最早的有線區域網路的標準，傳輸速度為 4 Mbps。
FDDI（光纖分散式數據介面，Fiber Distributed Data Interface）	光纖式區域網路的標準，傳輸速度為 100 Mbps。

2.6.4 DoD 模型

DoD 模型（Department of Defense Model）的開發其實比 OSI 模型還要早；原先美國國防部只是希望能夠將不同廠牌的電腦及作業系統連接整合在一起，讓所有人都能做到資料交換與資源共享，同時也能夠做到將資料分散存放於不同地點的理想，於是開始建構出軍事用途的網路系統 ARPANet（Advanced Research Project Agency Network，高等研究計畫署網路），這就是最早的網路技術，也就是 TCP/IP 協定的前身。

DoD 模型就是那時所建立起來的模型，後來發展成現今的網際網路（Internet），帶給大家無限的便利；DoD 模型共有四層，應用層、傳輸層、網路層及資料連結層，如圖 2-33 所示。

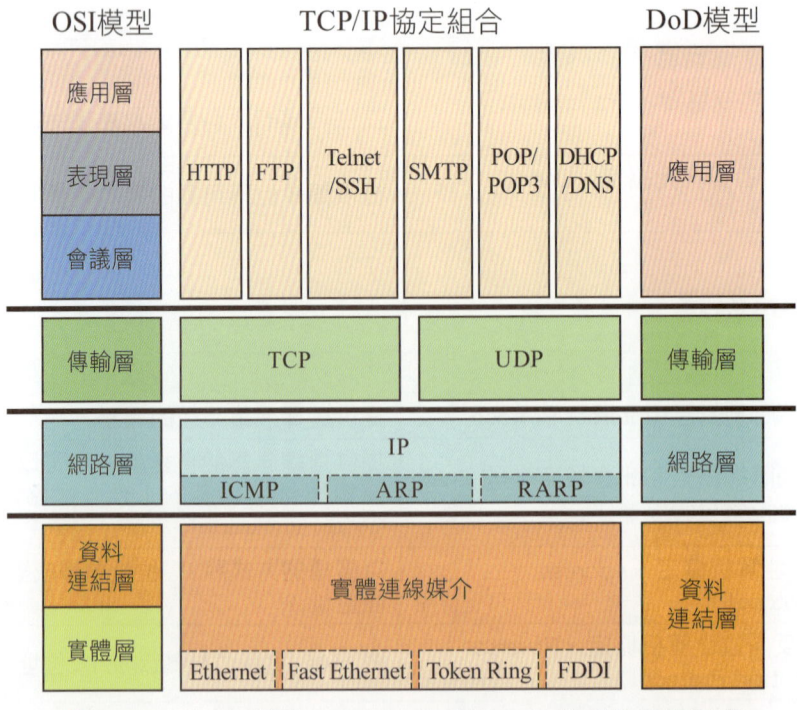

▲ 圖 2-33　OSI 模型、TCP/IP 協定與 DoD 模型的各層對應

2.6.5 關於 OSI 各層的進階知識

1 實體層（Physical Layer-1）

實體層為 OSI 模型中的第一層（Layer 1），該層的協議數據單元（Protocol Data Unit, PDU）為位元（Bits）；主要的功能在於定義設備規格，其中包括連線方式、傳輸媒介、訊號轉換等。

實體層對於網路設備如：數據機（Modem）、集線器（Hub）、網路卡（Network Card）、中繼器（Repeater）；傳輸媒介如：同軸電纜（Coaxial Cable）、雙絞線（Twisted Pair）、光纖（Fiber Optical），以及傳輸方式等皆加以規範。

所有與網路線材、硬體設備、設備連接等相關問題皆由實體層來負責處理及解決，例如：網路線沒接好網路不通（最常碰到的問題）、應該使用哪種規格的網路線或設備來連上網路等。

2 資料連結層（Data Link Layer-2）

資料連結層（資料鏈結層）為 OSI 模型中的第二層（Layer 2），該層的協定資料單位（Protocol Data Unit, PDU）為訊框（Frames）；主要的功能在於提供節點間正確無誤的訊框（Frames）傳送工作。

資料連結層較常使用且熟知的協定有：802.11（WLAN）、Wi-Fi、WiMax、ATM、Ethernet、Token Ring、ISDN 等；設備方面則有：交換式集線器（Switch Hub）、橋接器（Bridge）、無線 AP（Wireless Access Point）等。

將很多台電腦連接到網路設備，並讓每台電腦連線交談，這就是資料連結層所做的工作；電腦與電腦間的連線交談過程為：資料連結層先利用 ARP 協定取得對方的網卡資訊（MAC Address），將分割好的訊框（Frames）加上對方的 MAC Address，最後送到對方的電腦上來進行交談。

3 網路層（Network Layer-3）

網路層為 OSI 模型中的第三層（Layer 3），也可以叫 IP 層，該層的協定資料單位（Protocol Data Unit, PDU）為封包（Packet）；主要的功能在決定資料傳送的路徑（Routing），若為區域範圍內的電腦會直接傳送給網內的電腦，若為區域範圍外的電腦，則會送交給路由器（Router）決定傳送路徑。

在傳送資料前會先取得傳送端及接收端雙方的 IP 位址，然後將每個封包加上標頭，透過網路將資料傳遞至接收端；網路層較常使用到的一些協定有：IPv4、IPv6、IPX、ICMP、IGMP、ARP 等。

任何與 IP 位址相關的問題都是由網路層來處理，例如：IP 位址設定錯誤造成無法上網、路由器故障無法分配 IP 位址等。

4 傳輸層（Transport Layer-4）

傳輸層（傳送層）為 OSI 模型中的第四層（Layer 4），該層的協定資料單位（Protocol Data Unit, PDU）為程式段（Segment）；主要的功能為：確保資料在網路層與會議層的傳輸過程中正確可靠、檢查修正遺失或重複的狀況以及流量控制。

傳輸層所使用的協定為 TCP、UDP、NetBIOS、NetBEUI 等，TCP 協定用以確保資料能正確傳輸到目的端（可靠傳輸）；相對地，UDP 協定用於傳輸大量或不需偵錯的資料，例如：VoIP（Voice over IP）網路電話，其透過網際網路傳送數位化的語音封包，過程中需傳出大量的封包，因此是透過 UDP 協定以 P2P 點對點方式進行傳輸。

▶ TCP（Transmission Control Protocol）

中文意思為「傳輸控制協定」，被稱為「可靠的」（Reliable）資料元通訊協定；意思是 TCP 協定會對所傳送出去的訊息加以確認，對方收到資料時會告知收到了，若於時間內沒有回覆，TCP 還會再重傳一次，直到對方收到為止。

▶ UDP（User Datagram Protocol）

中文意思為「使用者資料協定」，被稱為「不可靠的」（Unreliable）資料元通訊協定；這是一種簡單的通訊協定，適合用於廣播式的通訊及一對多的資料傳送時，很像廣播電台持續播放不間斷，不管接收者要聽或不聽都依然持續放送。

總上所述，傳輸層主要處理的問題是決定送出多少資料給對方，或從對方取回多少資料。

▼ 表 2-13　TCP 與 UDP 的比較

協定	連線確定	正確性	處理速度	資料量	應用
TCP	連線導向，先確定連線正常才進行傳輸	高，可靠傳輸，錯誤重送	慢	小	HTTP、FTP、Telnet、SMTP
UDP	非連線導向，傳輸前不用先建立連線	低，不可靠傳輸，資料可能會遺失	快	大	DNS、Streaming（串流）、VoIP（例如：Skype、RC 語音）

5 會議層（Session Layer-5）

會議層（也稱會談層）為 OSI 模型中的第五層（Layer 5），主要的功能在於建立連線兩端的溝通管道、管理連線兩端管道是否正確且即時地得到同步的訊息，以及結束連線兩端的溝通管道；該層的協定資料單位（Protocol Data Unit, PDU）為資料（Data），並以連接埠（port）的方式來傳送，較為熟知的連接埠有：21、22、23、80 等。

在網路交易的過程中，有些動作非常需要做到雙向溝通；例如，購物結帳時，伺服端會要求客戶輸入個人及刷卡資料做購物確認，待客戶輸入完成送出後再傳回伺服端，這一來一往中，從開始連線、互相交談到結束連線的動作，就是會議層所要做的工作。

會議層在使用者間所採用的資料交換方式有三種：單工、半雙工及全雙工（可參見 P.10 圖 1-7、圖 1-8、圖 1-9）。

6 表現層（Presentation Layer-6）

表現層（表達層、展示層）為 OSI 模型中的第六層（Layer 6），被當成是「盡責的翻譯者」，主要的工作在提供、協調網路間資料交換的格式；該層的協定資料單位（Protocol Data Unit, PDU）為資料（Data），可對傳送過來或接收到的文字做編碼及解碼、加密及解密的動作，或者對圖片格式（PICT、TIFF、JPEG）、聲音格式（MIDI）或影音格式（MPEG、QuickTime）檔案做壓縮及解壓縮的動作。

由於表現層的轉換，才能讓我們順利地看到網頁上的文字、圖片、聲音及影音等多媒體資料。在表現層中，較常使用且熟知的協定有：SSL、WEP、WPA 等；另外，它亦負責處理有關作業系統權限或認證的相關狀況問題，例如：作業系統不讓使用者上網，因為使用者未被系統授權使用網路等等。

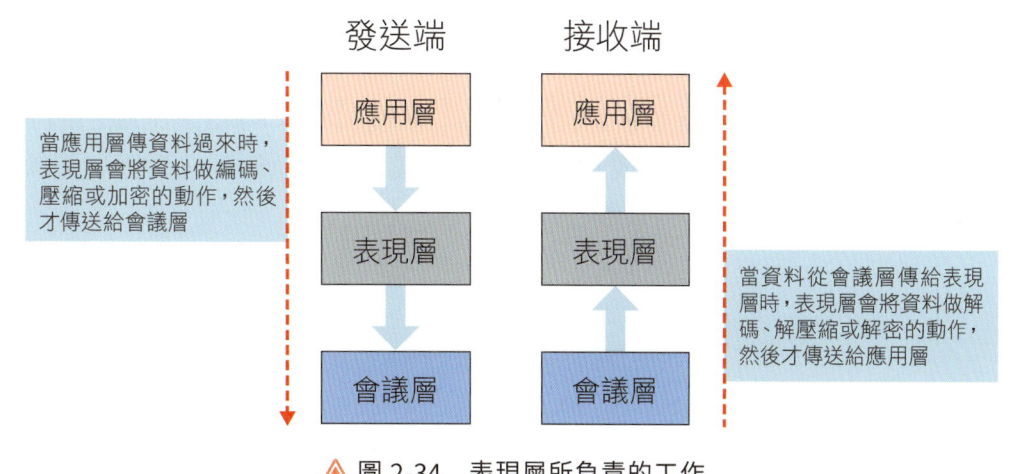

▲ 圖 2-34　表現層所負責的工作

7 應用層（Application Layer-7）

應用層為 OSI 模型中的第七層（Layer 7），主要的功能在於提供服務給網路使用者，也就是服務提供者；該層的協定資料單位（Protocol Data Unit, PDU）為訊息（Message）或資料（Data）。

使用者可以藉由不同的應用程式與伺服端做連接，使用伺服端所提供的服務；例如：使用 Internet Explorer（IE）、Firefox（火狐）、Google Chrome 等瀏覽器至各個網站做任何的網路活動，或利用 Outlook 收取別人寄來的信件等動作，這就是應用層所提供的服務。

應用層提供的應用服務其實很多，一般較為常見的服務：

▶ 上網服務（HTTP、HTTPS）

使用者可以利用 HTTP 及 HTTPS 協定來瀏覽觀看文字、圖片、聲音、影像等多媒體資料所組合而成的網頁。

▶ 收發電子郵件 Email（POP3、SMTP）

使用者可以利用其所提供的 POP3 協定來收信、SMTP 協定來寄信。

▶ 檔案傳輸 FTP

使用者可以利用所提供的 FTP 協定，在網路上傳及下載檔案。

▶ 遠端登入 Telnet

管理者可以利用所提供的 Telnet 協定，遠端登入網頁伺服器進行控制及管理的動作，甚至使用者可以利用 Telnet 協定，使用圖書館及 BBS 的服務。

▶ 遠端安全登入 SSH（Secure Shell）

客戶端利用其所提供的 SSH 協定，登入到遠端伺服器時，資料會被加密，比較不容易受到有心人士的攻擊，所以會比 Telnet 安全許多。

當系統上有應用程式執行時，發生錯誤的各種狀況及問題都由應用層負責處理，例如：瀏覽器無法開啟執行或當掉、即時通或 Skype 執行到一半出現錯誤等。

2.6 MCT 模擬試題

_____ 1. OSI 模型從第七層至第一層，資料傳輸類型的順序為何？
①資料、②訊框、③位元、④區段、⑤封包。
(A) ①②⑤④③　(B) ①④⑤②③　(C) ①⑤④②③　(D) ①③②④⑤

_____ 2. 下列關於 TCP 及 UDP 的敘述，何者不正確？
(A) TCP 協定提供錯誤重傳機制
(B) DNS 協定屬於 UDP
(C) TCP 及 UDP 兩者皆位於網路層
(D) TCP 協定傳輸速度較 UDP 協定來得慢，但可靠性相對較高

_____ 3. 關於 ARP 及 RARP 協定的敘述，何者有誤？
(A) ARP 協定透過 IP Address 以查詢對應的 MAC Address
(B) RARP 協定透過 MAC Address 以查詢對應的 IP Address
(C) ARP 協定位於 OSI 模型的第二層
(D) RARP 協定位於 OSI 模型的第三層

_____ 4. 下列網路設備位於 OSI 模型中，從最高（第七層）至最低（第一層）的排列應為？
①路由器、②交換器、③橋接器、④閘道器、⑤中繼器
(A) ②①③⑤④　(B) ⑤②③①④　(C) ④②①③⑤　(D) ④③⑤①②

_____ 5. 下列哪一種網路設備，其主要運作層次為「網路層」？
(A) 橋接器（bridge）
(B) 檔案伺服器（file server）
(C) 中繼器（repeater）
(D) 路由器（router）

_____ 6. 下列共有幾項通訊協定處於 OSI 應用層中？

> TCP、UDP、FTP、DHCP
> DNS、HTTP、HTTPS、IP
> Telnet、SMTP、POP3、WiMAX

(A) 6　(B) 7　(C) 8　(D) 9

Chapter 3

電腦網路應用

本章節次

- 3.1　網路伺服器與網路架構
- 3.2　IP Address 與 Mac Address
- 3.3　常用網路指令
- 3.4　網域名稱
- 3.5　網路專線與雲端服務
- 3.6　行動裝置應用
- 3.7　電子郵件
- 3.8　顧客關係管理

3.1 網路伺服器與網路架構

3.1.1 網路伺服器

網路伺服器（Server），主要用來提供網路服務給終端機（Client）使用。例如 Web 網站伺服器，讓使用者透過 HTTP 或 HTTPS 協定存取 WWW 網站資源；Mail 郵件伺服器，讓使用者透過 SMTP、POP3、IMAP 協定讀取或寄送電子郵件；FTP 檔案伺服器，讓使用者透過 FTP 協定來上傳或下載檔案。

▽ 表 3-1　常見的伺服器種類

伺服器	說明
網站伺服器 Web Server	使用 HTTP 或 HTTPS 協定，讓使用者透過瀏覽器觀看 Web 網站。
檔案伺服器 FTP Server	使用 FTP 協定，讓使用者可連線 FTP 伺服器上傳或下載檔案及網路資源，匿名登入時的預設帳號為「anonymous」。
郵件伺服器 Mail Server	使用 SMTP（寄信）、POP3（收信）、IMAP（收信）協定，讓使用者可寄發或收取電子信件。
DNS 伺服器	1. IP Address 與網域名稱的轉換。 2. DNS over HTTPS（DoH）：使用 HTTPS 將 DNS 查詢加密，提升隱私與安全性，防止第三方攔截。 3. DNS over TLS（DoT）：使用 TLS 協議加密 DNS 查詢，防止中間人攻擊，廣泛應用於現代瀏覽器和公共 DNS 提供商（如 Cloudflare）。
DHCP 伺服器	可動態配置虛擬 IP Address、子網路遮罩、預設閘道 Gateway 位址、DNS 位址等設定給連接在其下的電腦（使用固定 IP Address，則需手動輸入這三個設定）。
列印伺服器 Printer Server	提供印表機列印服務給連線到列印伺服器的電腦使用。
代理伺服器 Proxy Server	1. 暫存使用者瀏覽過的網頁資訊，讓下一位用戶存取相同網頁時更快速；缺點是可能會有舊資料問題。 2. 透明代理：用戶無需配置即可使用，用於內容過濾和流量管理。 3. 反向代理：用於負載均衡、隱藏後端伺服器位址及防禦 DDoS 攻擊，常見工具包括 Nginx 和 HAProxy。
Samba 伺服器	1. 讓 Linux 系統與 Windows 系統可以共享檔案。 2. Samba 伺服器雖然適用於內部網路檔案共享，但在雲端技術（如 Google Drive、OneDrive、Dropbox）普及後，其實際應用範圍逐漸縮小。

用來架設網路伺服器的作業系統稱為網路作業系統（Network OS, NOS），含有多人多工的特性，能讓多人在同一時間存取伺服器上的資源，Windows Server、UNIX、Linux（例如：Fedora、CentOS、Ubuntu、FreeBSD 等等）都屬於網路作業系統；另外，Windows Server 預設系統管理員帳號為「Administrator」，UNIX 和 Linux 的預設系統管理員帳號則為「root」。

3.1.2 Client/Server 與 P2P

1 主從式架構（Client/Server）

主從式架構（Client/Server），又稱為伺服器架構網路（Server-Based Network），早期為兩層式架構，主要提供靜態網頁資料給使用者。

隨著網路應用愈來愈著重在個人化設計及互動式的使用界面，現今多數網站是以 ASP、PHP 或 JSP 等互動式網頁進行架構，並在伺服器後方多增加一個資料庫以儲存使用者個人資料，稱為三層式架構，通常使用 NOS 來建置三層式網站架構（Client ↔ Server ↔ Database）。

在主從式架構中，至少有一部電腦設備作為 Server（伺服器）提供資源給許多 Client 用戶使用；一般而言，伺服器主機的電腦硬體等級，會有較高的效能、較快的速度與較多的容量，以提供更多的用戶透過網路來存取伺服器內的資源。

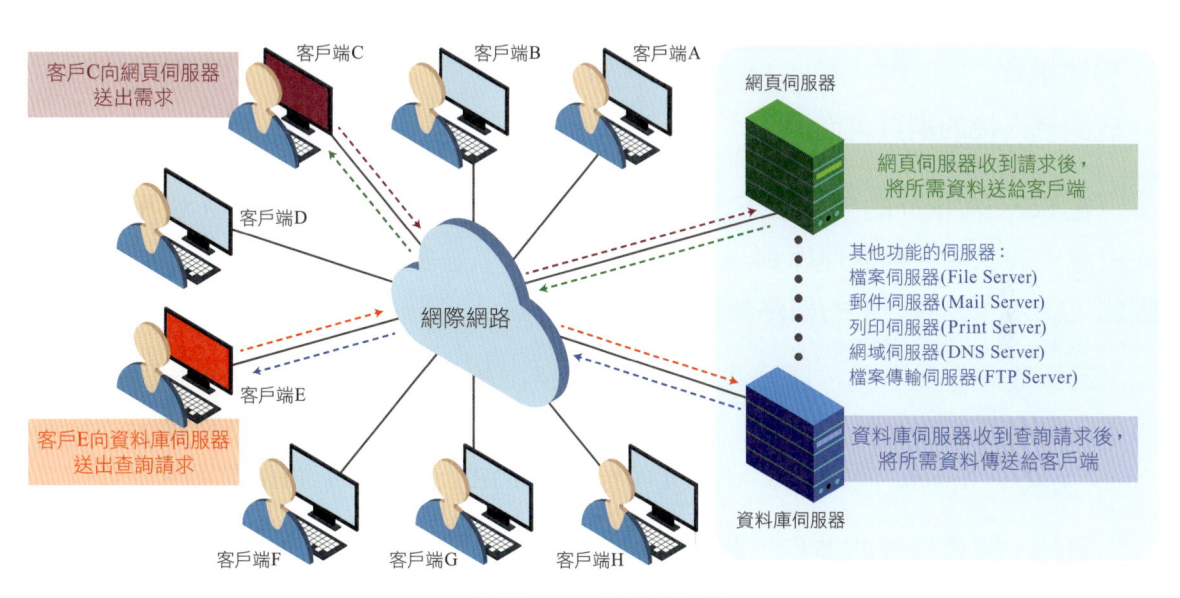

▲ 圖 3-1　主從式架構

▼ 表 3-2　主從式網站架構說明

Client	Web Server		Database
使用者電腦	網路伺服器		資料庫
瀏覽器	使用 ASP、ASP.NET 網頁語言	常用 Windows Server 作業系統	Windows SQL Server、Access
		IIS 伺服器	
	使用 PHP 網頁語言	常用 Linux 作業系統	MySQL、MariaDB
		Apache 伺服器	

```
                                                    ┌─────────────────┐
        1.輸入帳號及密碼              2.驗證帳號及密碼
        ──────────────►              ──────────────►

        4.互動式網頁透過
          伺服器揉製網頁              3.帳號密碼正確，
          結果並回傳給使                回傳使用者個人
          用者                          資料
        ◄──────────────              ◄──────────────
    5.進入系統畫面
    使用者（Client）              伺服器（Server）              資料庫（DataBase）
```

▲ 圖 3-2　過程說明

以使用者輸入帳號及密碼來登入網站的過程做為說明：

1. 使用者輸入帳號及密碼。
2. 伺服器將帳號及密碼傳給資料庫。
3. 資料庫判斷帳號及密碼是否正確，若正確則回傳使用者資料給伺服器。
4. 收到從資料庫傳來的使用者資料，揉製成使用者瀏覽器可讀取的網頁格式並回傳給使用者。
5. 收到登入後的網頁畫面。

在 Server/Client 的架構底下，所有的網路資源皆存放在伺服器上，使用者若欲使用或下載資源，則需連線到該伺服器進行下載，是多使用者連線到一部伺服器，因此可視為「多對一」的網路架構。

若以成本作為考量，部分使用者會採用自由軟體（如 Linux 系統）作為網路伺服器的運作系統，而「LAMP」便是採用自由軟體建置的三層式網站架構，分別為 Linux 系統＋ Apache 伺服器＋ MySQL（或 MariaDB）資料庫＋ PHP 互動式語言。

另外，隨著技術的進步，許多現代網站使用執行速度更快的 JavaScript 架構，例如 MEAN 架構：

- MongoDB：非關聯式資料庫，支援以 JSON 進行資料存儲，具有高相容性，能適應不同的數據模型。
- Express.js：Node.js 上的輕量級 Web 應用框架。
- AngularJS：用於前端開發的 JavaScript 框架，可進行 Web 網頁動態內容更新與雙向數據綁定。
- Node.js：作為 JavaScript 執行環境，運行後端邏輯並處理伺服器操作。

2 點對點連線（P2P）

使用者安裝 P2P 連線軟體，藉此軟體分析 Tracker 伺服器所提供的檔案下載位址，使用者可以同時連線到多個位址並分段下載檔案，以提升下載速度；使用者亦可透過 P2P 軟體來分享自己電腦內的資源，亦即提供下載位址給 Tracker 伺服器，而愈多人使用 P2P 連線軟體，代表著愈多人提供資源下載點，下載的速度也就愈快。例如：BitTorrent、網路電視軟體、eMule、網路語音軟體（Skype、RC 語音）。

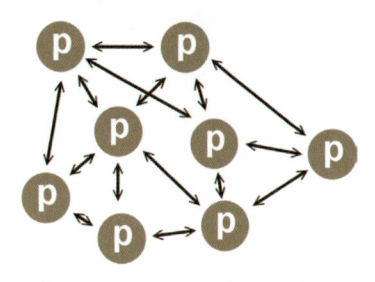

▲ 圖 3-3　P2P 連線架構圖

主從式（Client/Server）與點對點（P2P）的主要差別在於，存取服務若是由主機（Server）統一提供資源則為主從式服務；另外，YouTube、Facebook、Blog、Wiki（維基百科）是一種主從式服務架構（官方網站統一提供資源的存取），同時也是 Web 2.0 的應用（資源來自於使用者）。

點對點連線的資源係來自於使用者，亦即使用者是下載者，同時也是資源的提供者，安全性及正確性便備受考驗，許多駭客會將木馬程式包裝在正常軟體或程式，以供 P2P 使用者下載。

▽ 表 3-3　主從式連線與點對點連線的比較

服務模式 比較	主從式 Client / Server	點對點 Point To Point（P2P）
安全性、資源正確性	較高	較低
存取方式	以網站提供存取服務	以軟體提供存取服務
資源提供者	Server 或 Client	Client 是資源提供者， 也是資源下載者
應用	Web 1.0 或 Web 2.0	Web 2.0
下載速度	單一載點，較慢	多重載點，較快
範例	Yahoo! 奇摩、YouTube、Wiki	VoIP（Skype、RC 語音）、BT

> **補充站**
>
> 　　傳統網站的內容，是由網站管理人員所提供，稱為 Web 1.0。由於資源的提供者是網站管理員，因此安全性較高，是一種「推式」策略，將資源推向使用者，例如：Yahoo! 奇摩、PChome 網站等等。
>
> 　　Web 2.0 則是一種革新的概念，強調資訊共享、共同參與網頁內容，並以使用者為中心之網站設計。由使用者上傳文字、圖片、聲音、影像等多媒體資料到私人空間中，與他人一起共享、共用；由於資源的提供者是來自網站的使用者，因此安全性及正確性相較於 Web 1.0 來得低，是一種「拉式」策略，拉攏使用者一起共同創造網站內容。例如：Blog、Vlog、Wiki、社群網站等等。

3.1.3 容器化與微服務

1 容器化（Container）

　　現代軟體開發與部署過程因為面臨快速、輕量化、資源隔離、版本問題等需求，因此發展出不需考慮作業系統環境及版本不同的容器化服務平台。例如。今天要部署 2 個 PHP 應用程式在 Apache 伺服器上，1 個使用 php5.x 版本，另 1 個卻是使用 php8.x 版本，以傳統的三層式 Server 架構很難同時滿足這 2 個應用程式，此時就可使用容器技術，將各個應用程式放到各個不同的容器（Container）去執行，便不需考量底層軟硬體的不同而無法執行。最常見的容器技術是使用 Docker 軟體，其為一種開源容器平台，可用於快速建置、部署和管理應用程式的容器化環境。Docker 允許開發人員將應用程式和其所有依賴的外部函式庫打包成輕量化的容器（Container），使應用程式能在不同的作業系統上執行以提升移植性，如右圖所示，在作業系統上安裝 Docker 軟體，即可讓各種不同類型的應用程式各自運作在被虛擬隔離的不同容器內。

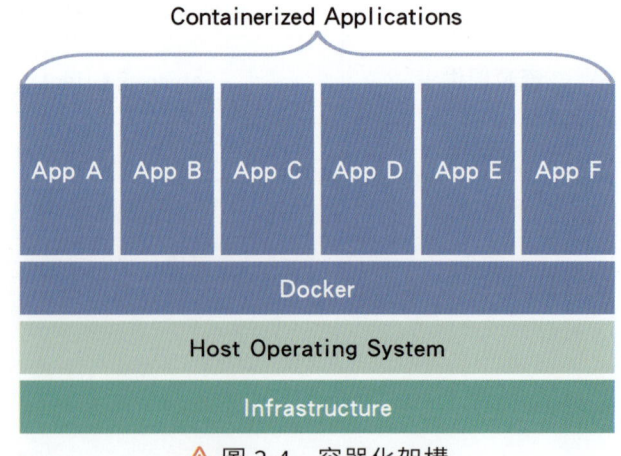

▲ 圖 3-4　容器化架構

Kubernetes（簡稱 K8s）是一個開源的容器編排平台，專門用來管理應用程式容器的部署、擴展和運行。它是由 Google 開發，並由 CNCF（Cloud Native Computing Foundation）維護。Docker 軟體係用來將容器打包並且運行，讓應用程式可以用容器的形式運行；而 Kubernetes 則係用來編排與管理容器，其特性如下：

1. **容器管理**：可以自動部署和管理成千上萬個容器，確保應用程式的正常運行。
2. **配置管理**：支援應用程式相關設定的集中化管理，如環境變數、密鑰和憑據的統一管理。
3. **負載均衡與流量分配**：可自動分配請求流量到多個容器，確保資源利用率最大化。
4. **自動擴展（Scaling）**：根據流量或資源負載，自動增加或減少容器數量。
5. **故障恢復**：當某些容器或節點發生故障時，其能自動重啟或重新分配容器，確保應用的高可用性。

2 微服務（Microservices）

微服務是一種軟體設計和架構風格，將一個大型應用程式拆分為一系列小型、獨立的服務，每個服務專注於單一業務功能（如用戶管理、支付處理等），可以獨立開發、部署和運行。在傳統的大型系統架構中，所有程式都緊密結合（高耦合），此時若某個應用程式的某一個程式欲進行更改，此時便需擴展整個架構以配合該程式的運作，亦即牽一髮則動全身，則將可能影響整體架構的可用性與增加安全性風險，因此在微服務架構中，應用程式會被建立為各個獨立元件，每個元件擁有自己的技術堆疊（包括資料庫與資料管理模型），並以輕量型 API 方式來執行這些程式，這些服務因為獨立運作，因此可個別進行更新、建置與擴展。

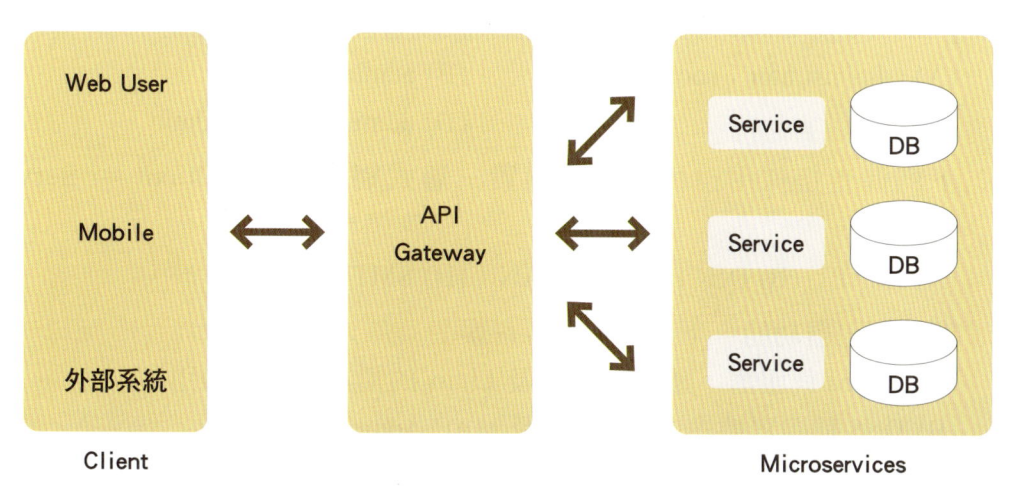

▲ 圖 3-5　微服務架構

3.1 MCT 模擬試題

____ 1. 使用者可透過一個 BitTorrent 種子來下載 Linux 作業系統，並在下載之後，亦將自己已下載的檔案透過 Tracker 伺服器的分享，來讓其他人也可以連線到自己的電腦下載該檔案；每個 BitTorrent 用戶通常需安裝 BT 軟體才能進行檔案的下載與分享，愈多人分享，則軟體流通的速度愈快，進而提升網路使用效能。試問這樣的分享方式，屬於下列何種網路型態？
(A) 企業內部網路（Intranet） (B) 商際網路（Extranet）
(C) Server/Client (D) 點對點傳輸（Point to Point）

____ 2. P2P 的網路資源通常係由使用者所自行提供，相較於主從式伺服器架構（Server-Based Networks）的資源集中控制，P2P 提供的資源是分散在各個 Client 端中，下列哪個範例可用來說明 P2P 服務的存取？
(A) 使用者透過互聯網將一個或多個電腦上傳到伺服器
(B) 多個網路用戶連線到郵件伺服器中
(C) 用戶端連接到另一用戶以進行語音對話
(D) 使用者透過互聯網連線到檔案伺服器下載檔案

____ 3. Web 2.0 與 Web 1.0 的最大不同在於？
(A) 透過資料庫進行架設 (B) 用戶可自行編輯內容
(C) 增加多媒體的展示 (D) 增加圖片的多樣性

____ 4. 下列伺服器，何者可進行網頁快取以縮短使用者下載網頁資源的時間，亦可作為防火牆阻擋外部攻擊？
(A) DHCP Server (B) DNS Server (C) Web Server (D) Proxy Server

____ 5. Windows 及 Linux 作業系統，其預設系統管理員帳號分別是？
(A) administrator；root (B) admin；manager
(C) guest；guest (D) administrator；admin

____ 6. 下列何者是採用自由軟體以建置三層式網站架構（Client ↔ Server ↔ Database）？
(A) IMAP (B) DHCP (C) MEAN (D) SMTP

____ 7. 關於伺服器功能，下列敘述何者有誤？
(A) Samba 伺服器，讓 Windows 及 Linux 的檔案可互相共用
(B) DNS 伺服器轉換 IP Address 及 MAC Address
(C) Mail 伺服器可讓使用者以 SMTP 及 POP3 協定到伺服器中收發信件
(D) Printer 伺服器讓區域網路內的電腦可共用同一台印表機

3.2 IP Address 與 Mac Address

1 IP Address

網路位址（Internet Protocol Address, IP Address）是設定 IP 協定裝置的一組識別號碼，用來代表上網時電腦的確切位置，讓網路上的電腦可以互相通訊。

位址長度為 4 Bytes，以四組 0～255 的數字表示，例如 74.125.153.105；使用者可在 Windows 區域網路的 TCP/IP 設定畫面中，設定網路位址（IP Address）、子網路遮罩（Subnet Mask）、通訊閘（Gateway）及虛擬名稱伺服器（Domain Name Server）。

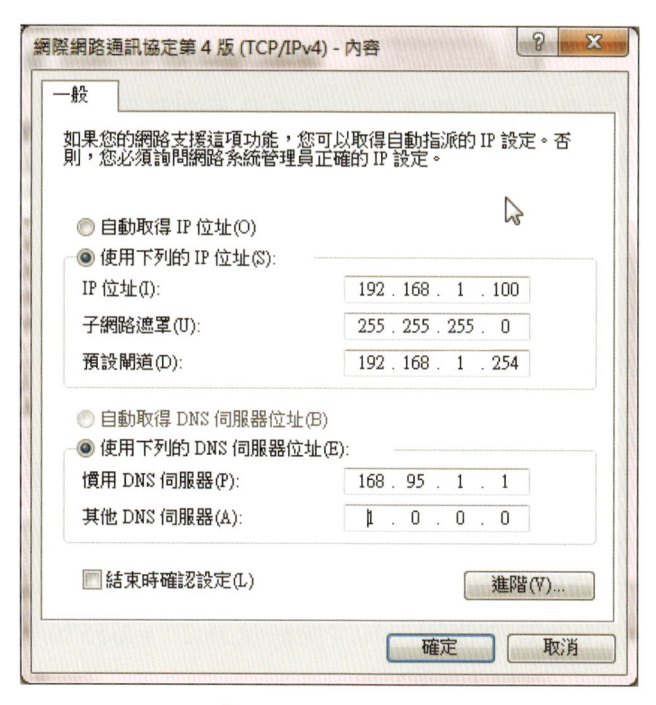

▲ 圖 3-6　TCP/IPv4

2 IPv4 分類

IP Address 目前使用的是網際網路協定第四版，稱為 IPv4，依照使用的對象不同，主要分為 A、B、C、D、E 五個 Class，下表中的「n」代表為網路位置，「x」代表為主機位置。例如 Class C 的 IP Address 為「192～223.n.n.x」，則前面三組數字（192～223.n.n）為網路位置，係由管理單位所派發，使用者不得改變，而後面一組數字（x）可由使用者自行設定給主機使用，可設定的主機數量為 2^8 = 256 台。

▼ 表 3-4　IP Address 分類

Class	第一組數字位元	範圍（n 為網路位置；x 為主機位置）	子網路遮罩	虛擬 IP Address（x 為 0～255）	可用主機數	適用
A	0xxxxxxx	0～127.x.x.x	255.0.0.0	10.x.x.x	2^{24}	國家單位
B	10xxxxxx	128～191.n.x.x	255.255.0.0	172.16～31.x.x	2^{16}	大型企業
C	110xxxxx	192～223.n.n.x	255.255.255.0	192.168.x.x	2^{8}	小型單位
D	1110xxxx	224～239.x.x.x				廣播位址
E	1111xxxx	240～255.x.x.x				保留位址

在以上的分類中，IP Address 的主機位置若為 0，用來代表整個網路。

例如：Class C 的「193.1.2.0」用來代表「193.1.2.x」的整個網路；IP Address 的主機位置若為 255，用來廣播訊息；Class B 的「129.1.1.1」發出訊息給目的位置「129.1.255.255」，代表對全網路內的電腦進行訊息廣播。

若要將網路切分成數個子網路區段，可透過子網路遮罩的設定；在子網路遮罩的設定中，要切割成 N 個子網路，每個子網路擁有 M 台電腦，N 值為 1 的數量，M 值為 0 的數量，1 的值先寫在前面，0 的值則補在後頭。

例如：Class C 網路要切割成八個子網路，每個子網路擁有三十二個主機，切割成「$8 = 2^3$」子網路，「1」的數量有三個；每個子網路有「$32 = 2^5$」個主機，「0」的數量有五個，因此可得「11100000」，將數值轉為十進位，則子網路遮罩從原先的「255.255.255.0」改為「255.255.255.224」。

切割子網路好處是讓各個子網路內的電腦在彼此的資料傳遞上更為快速。

原本的 IP Address 分類方式，稱之為「分類路由」，但其在使用上其實相當沒有彈性；例如一個 Class C 可用的主機數量僅為 $2^8 = 256$ 部，對於多數企業來說實在不夠用，但若申請一個 Class B 來使用，其主機數量為 $2^{16} = 65536$ 部，這樣卻又太多。

因此目前 IP Address 的配發，採用的是無類別區域路由（Classless Inter-Domain Routing, CIDR）；為了更有彈性地使用 IP Address，目前普遍採用切割子網路區段及 CIDR 的方式，並依照使用者的需求進行 IP Address 的配發，而非採用「分類路由」方式。

● Class A 網路

A 級網路（Class A）的左邊第一個位元是「0」，通常只有國家等級的網路系統才能申請到 A 級的網路位址。A 級網路位址的左邊第一個數字一定會在 0～127 之間，如圖 3-7 中的左側區塊說明，0 跟 127 這兩個數字是保留數字，沒分配給任何一個國家使用；A 級網路位址的範例：126.10.111.22，126. 或 126.0.0.0 為網路位址，.10.111.22 或 0.10.111.22 為主機位址。

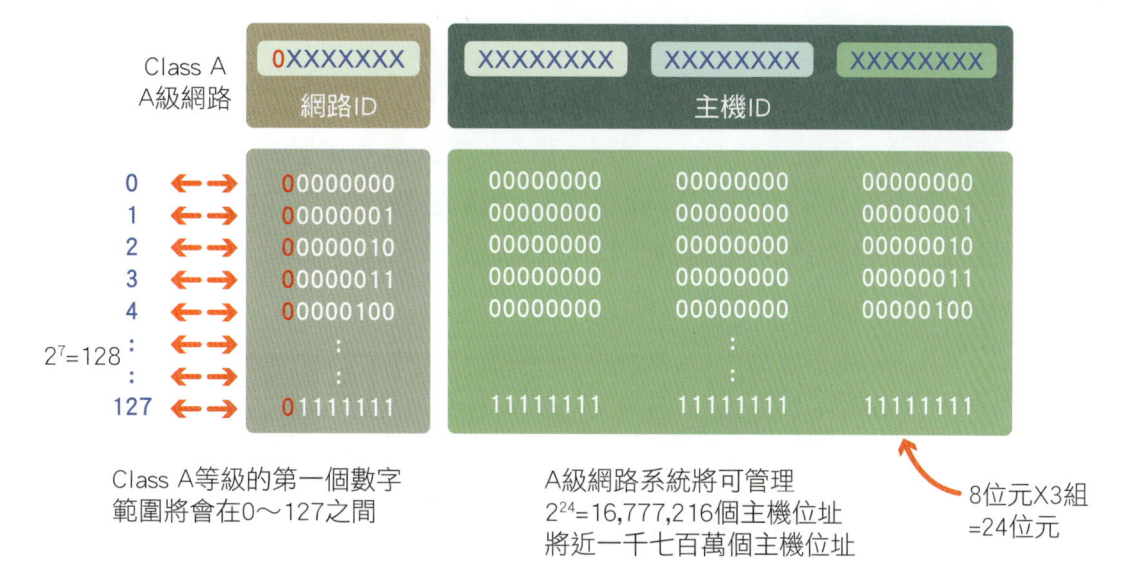

[圖 3-7 Class A 網路的組成示意圖]

Class A 等級的第一個數字範圍將會在 0～127 之間

A 級網路系統將可管理 2^{24}=16,777,216 個主機位址 將近一千七百萬個主機位址

8位元X3組 =24位元

A級網路位址範例：<u>10</u>.111.2.99

▲ 圖 3-7　Class A 網路的組成

▶ Class B 網路

B 級網路（Class B）的左邊兩個位元是「10」，通常能夠申請到 B 級網路位址的單位多半是網路服務提供者（Internet Service Provider, ISP）或跨國的大型國際企業。B 級網路位址的左邊第一個數字一定會在 128～191 之間，請參考圖 3-8 中的左側區塊；B 級網路位址範例：190.21.1.200，190.21. 或 192.21.0. 為網路位址，.1.200 或 0.0.1.200 則為主機位址。

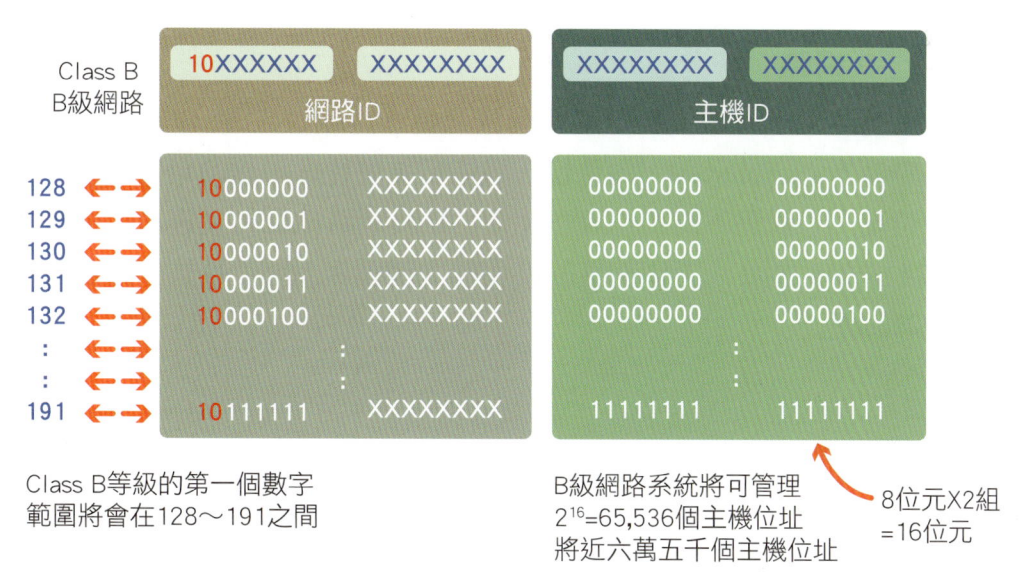

[圖 3-8 Class B 網路的組成示意圖]

Class B 等級的第一個數字範圍將會在 128～191 之間

B 級網路系統將可管理 2^{16}=65,536 個主機位址 將近六萬五千個主機位址

8位元X2組 =16位元

B級網路位址範例：<u>129.121</u>.22.9

▲ 圖 3-8　Class B 網路的組成

▶ Class C 網路

　　C 級網路（Class C）的左邊三個位元是「110」，通常 C 級網路位址的申請門檻不會像 A、B 級這麼高，一般公司或企業就能夠申請到這個等級的網路位址。C 級網路位址的左邊第一個數字一定會在 192～223 之間，請參考圖 3-9 左側區塊；C 級網路位址範例：199.213.2.21，199.213.2. 或 199.213.2.0 為網路位址，.21 或 0.0.0.21 為主機位址。

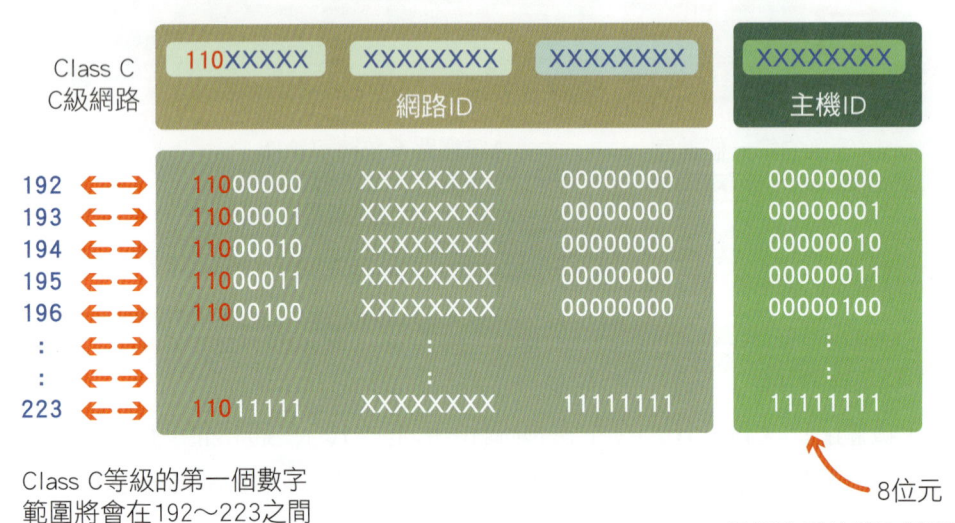

```
Class C       110XXXXX    XXXXXXXX   XXXXXXXX   XXXXXXXX
C級網路              網路ID                      主機ID

192 ←→  11000000   XXXXXXXX   00000000   00000000
193 ←→  11000001   XXXXXXXX   00000000   00000001
194 ←→  11000010   XXXXXXXX   00000000   00000010
195 ←→  11000011   XXXXXXXX   00000000   00000011
196 ←→  11000100   XXXXXXXX   00000000   00000100
    :                   :                  :
    :                   :                  :
223 ←→  11011111   XXXXXXXX   11111111   11111111
```

Class C等級的第一個數字範圍將會在192～223之間

8位元
C級網路系統將可管理 2^8=256個主機位址

C級網路位址範例：209.132.252.39

▲ 圖 3-9　Class C 網路的組成

▶ Class D 網路

　　D 級網路（Class D）的左邊四個位元是「1110」，一般 D 級網路位址多屬於「多點廣播」（Multicast）的位址，只能用來做特殊用途的目的位址，不能當作來源位址，也就是不能給伺服器使用。D 級網路位址的左邊第一個數字一定會在 224～239 之間，請參考圖 3-10 中的左側區塊說明；D 級網路位址範例：225.3.222.11。

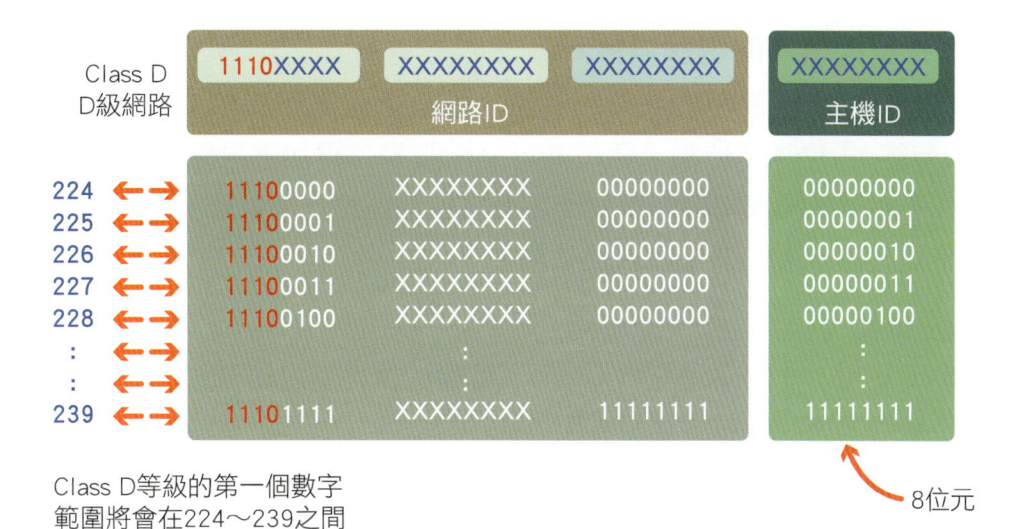

電腦網路應用

```
Class D      1110XXXX    XXXXXXXX   XXXXXXXX   XXXXXXXX
D級網路                   網路ID                   主機ID
```

224 ↔	11100000	XXXXXXXX	00000000	00000000
225 ↔	11100001	XXXXXXXX	00000000	00000001
226 ↔	11100010	XXXXXXXX	00000000	00000010
227 ↔	11100011	XXXXXXXX	00000000	00000011
228 ↔	11100100	XXXXXXXX	00000000	00000100
⋮ ↔		⋮		⋮
239 ↔	11101111	XXXXXXXX	11111111	11111111

Class D等級的第一個數字
範圍將會在224～239之間

8位元
D級網路系統將可管理
$2^8=256$個主機位址

D級網路位址範例：228.13.251.39

▲ 圖 3-10　Class D 網路的組成

● Class E 網路

　　E 級網路（Class E）的左邊四個位元是「1111」，一般 E 級網路位址的全部位址都保留給實驗用的網址，所以沒有此範圍的網路位址。E 級網路位址的左邊第一個數字一定會在 240 ～ 255 之間，請參考圖 3-11 中的左側區塊說明；E 級網路位址範例：245.33.22.11。

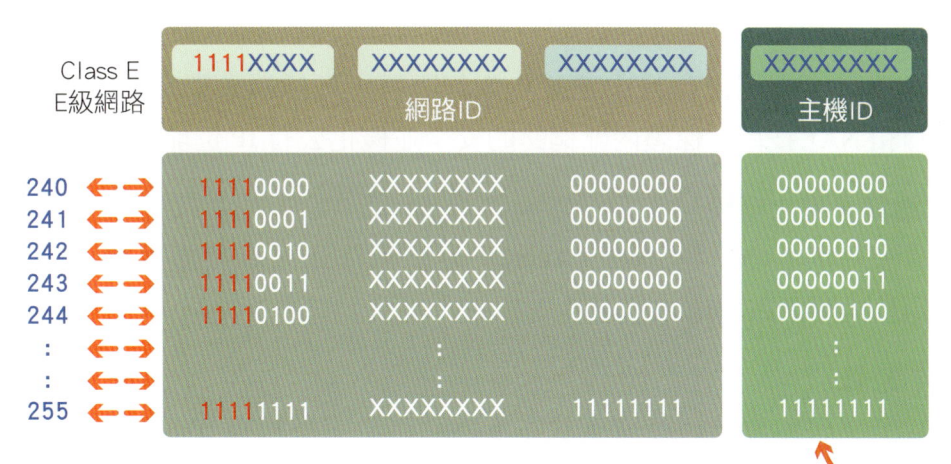

```
Class E      1111XXXX    XXXXXXXX   XXXXXXXX   XXXXXXXX
E級網路                   網路ID                   主機ID
```

240 ↔	11110000	XXXXXXXX	00000000	00000000
241 ↔	11110001	XXXXXXXX	00000000	00000001
242 ↔	11110010	XXXXXXXX	00000000	00000010
243 ↔	11110011	XXXXXXXX	00000000	00000011
244 ↔	11110100	XXXXXXXX	00000000	00000100
⋮ ↔		⋮		⋮
255 ↔	11111111	XXXXXXXX	11111111	11111111

Class E等級的第一個數字
範圍將會在240～255之間

8位元
E級網路系統將可管理
$2^8=256$個主機位址

E級網路位址範例：246.131.25.149

▲ 圖 3-11　Class E 網路的組成

▶ IPv4 位址枯竭的現狀與解方

隨著網際網路使用的普及和資訊設備數量的爆炸式增長（如智慧手機、IoT 設備等），IPv4 位址需求遠超其可分配數量，再加上早期 IPv4 位址分配不均，許多組織或國家持有過多位址，而其他地區位址則供應不足。因此目前主要以下列 2 種方式解決 IPv4 位址枯竭：

1. 引入 IPv6

IPv6 使用 128 位位址空間（2^{128}），可提供幾乎無限的 IP 位址，但目前使用 IPv6 位址的網路設備並未全面實現。

2. NAT（網路位址轉換）技術

透過 NAT 技術，將大量需要上網的資訊設備（例如：辦公室或是電腦教室）將多個的虛擬 IP Address 映射為一個的實體 IP Address，讓這些大量設備可透過同一個的實體 IP Address 上網。

▶ 私有 IP 位址的應用場景

1. 家庭網路

家庭路由器通常分配私有 IP 位址（如 192.168.x.x），用於本地設備（如手機、電腦、智慧家電）的內部通訊。路由器使用 NAT 技術將這些私有 IP 位址映射到公有 IP 位址以連上網際網路。

2. 企業內部網路

通常使用私有 IP 位址來連接內部伺服器、用戶端電腦和網路設備。配合防火牆和 NAT 技術，保護內部網路的安全並優化公有 IP 位址的使用。

3. 雲端與虛擬化環境

雲服務供應商（如 AWS、Azure）分配私有 IP 位址給虛擬機（VM）或容器，用於內部網路通信。

4. IoT 設備

智慧家居和物聯網設備通常在本地網路中使用私有 IP 位址，透過家庭路由器連接上網。

5. 教育與測試環境

私有 IP 位址廣泛用於學校電腦教室和實驗室的測試網路，無需耗費公有 IP 資源。

3 IPv6

由於網際網路的快速發展，人們對於 IP 位址的需求便大量增加，尤其是物聯網及智慧型手機的興起，截至 2017 年止，上網人數超過三十五億，但 IPv4 僅能提供兩億五千萬個 IP 位址。

尤其是物聯網（Internet of Things, IoT）的興起，大量的家電設備及感測器有連線上網的需求，為了因應 IPv4 位址的不足，而有了 IPv6（網際網路通訊協定第 6 版）的制訂。

其由八組數字所組成，每組數字介於 0000～FFFF，共占 128 bit，理論上可配置 2^{128} 個主機位址；若全球以七十億人口計算，每人可配置 4.86×10^{28} 個 IP 位址。

IPv6 的每組數字，以「:」冒號隔開，每組數字的最前方若為「0」，則「0」可省略，另外若有連續的「0」，則可用「::」代表，但「::」僅能出現一次。

合法的格式如下：

① fe80:0000:0000:0000:0052:0000:0000:8867

② fe80:000:000:000:52:0000:0000:8867

③ fe80:00:00:00:52: 0000:0000:8867

④ fe80:0:0:0:52:0:0:8867

⑤ fe80::52:0:0:8867

「::」雙冒號僅能出現一次，因此「fe80::52::8867」為非法 IP 位址，因為這樣的寫法有許多種可能，而無法進行推斷原 IP 位址為何。

▼ 表 3-5 IPv4 與 IPv6 的比較

種類	IPv4	IPv6
位址數量	2 的 32 次方個	2 的 128 次方個
表示方式	四組 0～255 的數字，例如：168.95.1.1	八組 0000～FFFF 的數字，例如：fe80::52:0:0:8867
安全性	IPSec 預設不開啟	IPSec 預設開啟
QoS 制	不支援表頭欄位	支援表頭欄位
NAT 使用情況	需使用 NAT 及 DHCP 來補足真實 IP 位址的不足	IP 位址足夠，可不需要使用 NAT 及 DHCP

IPv6 不僅解決了 IPv4 位址枯竭的問題，還在當前的物聯網（IoT）、5G 網路和智慧城市等領域發揮了重要作用，成為現代網路基礎設施的關鍵技術。

▶ 物聯網應用

1. 智慧家居

每個 IoT 設備（如智慧燈泡、智慧門鎖）可直接獲得一個唯一的 IPv6 位址，便於遠程控制和管理。支援點對點通信，減少對中間伺服器的依賴，提高網路效率和安全性。

2. 智慧工廠

在工業 4.0 中，機器、感應器和控制系統通過 IPv6 位址實現無縫連接，支援高速的數據交換和設備協作。

3. 車聯網（V2X）

IPv6 讓車輛之間（Vehicle-to-Vehicle, V2V）與基礎設施（Vehicle-to-Infrastructure, V2I）可互相通信，為自動駕駛和智慧交通提供基礎。

▶ 5G 網路

1. 終端設備的大規模連接

IPv6 能為每個 5G 終端（如智慧手機、IoT 設備）分配唯一位址，避免 NAT 帶來的複雜性，簡化網路架構。

2. 邊緣計算

IPv6 支援 5G 邊緣計算中的點對點通訊，提升分散式應用的效率。

3. 網路切片

IPv6 的子網段功能與 5G 網路切片技術結合，為不同的應用場景（如自動駕駛、遠程醫療）提供專用的網路資源。

▶ 智慧城市

1. 智慧交通

使用 IPv6 位址連接交通燈、停車場、車輛和監控設備，實現即時數據共享和交通流量優化。

2. 智慧能源

每個智慧電表可分配一個 IPv6 位址，實現精準的能源監控和遠程管理，提升能源利用率。

3. 智慧環境監測

大量傳感器通過 IPv6 位址連接，用於監測空氣質量、水質、溫度等環境數據，支援即時分析和預警。

4. 智慧公共服務

城市的公共設備（如路燈、垃圾桶）透過 IPv6 實現彼此聯結、遠程控制和數據蒐集。

補充站

物聯網（Internet of Thing, IoT），透過電子設備或是感測器來蒐集周邊環境的數據，並回傳到伺服器或是管控中心，使得我們可以對於機器、裝置或是人員進行集中管理與控制；常見的應用例如：智慧家庭、安全防盜裝置、自動吸塵機、智慧澆水花盆、網路冰箱、智慧汽車控制等等。

3.2 MCT 模擬試題

____ 1. 下列何者是錯誤的 IPv6 位址？
 (A) 2001:0:0:0:0:33df:3f57:ff9b
 (B) 2001::3f57::ff9b
 (C) 2001:0:c633:6409:4d6:33df:3f57:ff9b
 (D) 2001::33df:3f57:ff9b

____ 2. 下列關於 IPv4 與 IPv6 的比較，何者有誤？
 (A) IPv4 所占空間為 32 bit，IPv6 所佔空間為 64 bit
 (B) IPv6 較 IPv4 在傳輸資料上較為安全
 (C) IPv6 的位址數為 IPv4 的 2^{96} 倍
 (D) IPv6 有助於物聯網的建置

____ 3. 保羅家中原先使用的是 Cable Modem 連線，最近改成使用 ADSL 寬頻連線，他選擇自行設定 TCP/IP 協定去連線上網，但卻並無法正常連線，請問下列哪個選項是比較不可能造成無法上網的原因？
 (A) 電腦名稱（Computer Name）
 (B) 網路位址（IP Address）
 (C) 閘道器（Gateway）
 (D) 子網路遮罩（Subnet Mask）

____ 4. 使用 Cable Modem 連結網路時，需先進行什麼樣的測試？
 (A) 先測試是否能連通本地端的 IP Address
 (B) 先測試是否能連通預設閘道器
 (C) 先測試是否能連通代理伺服器
 (D) 先測試 DNS 是否能連通

____ 5. 關於 IP Address 的敘述，何者錯誤？
 (A) Class C 可設置的主機數為 2^8，用於小型企業或個人單位
 (B) Class B 第一組二進位數字係以「10」開頭，範圍 128～191.x.x.x（x 代表 0～255）
 (C) Class A 的子網路遮罩預設為 255.255.255.0，其虛擬 IP Adddress 則為 10.x.x.x（x 代表 0～255）
 (D) IPv6 係由八組四個 16 進位數字所組成，每組數字以冒號「:」隔開，並以雙冒號「::」取代連續的「0000」

3.3 常用網路指令

透過網路指令，使用者可得知目前網路狀態的設定，包括連線遠端主機是否正常、封包的流進流出、網域名稱與 IP Address 的轉換等等。

▼ 表 3-6　指令表

指令	功能	範例
Ping	測試本機與遠端主機之間的連線是否正常。	ping tw.yahoo.com
Tracert	回傳本機與遠端主機之間所經過的所有路由器。	tracert tw.yahoo.com
Ipconfig	回傳本機 TCP/IP 的相關設定，包括 IP Address、MAC Address、子網路遮罩、閘道器、DNS。	ipconfig
Nslookup	回傳 IP Address 所代表的網域名稱，或回傳網域名稱所代表的 IP Address。	nslookup 210.59.230.60 nslookup www.pchome.com.tw
Curl	用於與伺服器之間傳輸資料，支援 HTTP、HTTPS 等協定，並可用於測試 API 或 DoH（DNS over HTTPS）。	curl https://tw.yahoo.com
DoH 工具	使用 DNS over HTTPS 查詢網域名稱的 IP Address，提升隱私與安全。	curl "https://dns.google/resolve?name=tw.yahoo.com"

範例操作

在 Windows 附屬應用程式中執行「C:\ 命令提示字元」程式，將開啟命令列（Command Line）視窗，在視窗中輸入「ipconfig /all」指令（如下圖所示）可以查看目前電腦的常用設定（每部電腦的通訊設定不盡相同）：

① IPv4 Address 網路位址：192.168.31.154。
② Mac Address（Physical Address）實體位址：8C-A9-82-A9-B7-A4。
③ DNS 網域名稱伺服器：192.168.31.1。
④ Subnet Mask 子網域遮罩：255.255.255.0。
⑤ Default Gateway 預設通訊閘：192.168.31.1。

3.3 MCT 模擬試題

____ 1. 透過 Command Line 輸入 ipconfig 指令得到以下畫面，其中 Default Gateway 指的是什麼？

```
Administrator: C:\Windows\system32\cmd.exe

Wireless LAN adapter ??????:

   Connection-specific DNS Suffix  . :
   Link-local IPv6 Address . . . . . : fe80::8052:687c:1024:8867%12
   IPv4 Address. . . . . . . . . . . : 192.168.0.100
   Subnet Mask . . . . . . . . . . . : 255.255.255.0
   Default Gateway . . . . . . . . . : 192.168.0.1

Ethernet adapter ????:

   Media State . . . . . . . . . . . : Media disconnected
   Connection-specific DNS Suffix  . :

Tunnel adapter Teredo Tunneling Pseudo-Interface:

   Connection-specific DNS Suffix  . :
   IPv6 Address. . . . . . . . . . . : 2001:0:c633:6409:468:85a:3f57:ff9b
   Link-local IPv6 Address . . . . . : fe80::468:85a:3f57:ff9b%15
   Default Gateway . . . . . . . . . : ::
```

(A) 本地主機的實地位置
(B) 區域網路的路由器
(C) 做為檢驗封包應往外或往內傳送的子網路遮罩
(D) 本地主機的伺服器位置

____ 2. 邁可做為一名網路技術員，他要幫新進員工的電腦設定 TCP/IP 協定，使得電腦可以順利連接公司內部資源，亦可以連線到 Internet，以下並不是在 TCP/IP 中進行設定？

(A) MAC Address　(B) Domain Name Server　(C) Subnet Mask　(D) Gateway

____ 3. 透過以下哪個指令，可偵測本機電腦與遠端主機之間連線是否正常？

(A) ARP　(B) Telnet　(C) ping　(D) Ipconig

____ 4. 下列各種通訊協定的說明，何者不正確？

(A) ARP 是負責將 IP 位址轉換成實體位址的通訊協定
(B) DHCP 是提供動態分配 IP 位址服務的通訊協定
(C) Telnet 是提供傳送網頁所用的通訊協定
(D) SMTP 是提供電子郵件傳送服務的通訊協定

____ 5. 當資料經由傳輸媒體到達電腦時，便需要藉由網路卡接收，而每張網路卡都有唯一的位址號碼，此稱之為？

(A) IP 位址　(B) 邏輯位址　(C) 實體位址　(D) 節點位址

3.4 網域名稱

🌐 3.4.1 Domain Name（網域名稱）的介紹

網路上用來識別電腦位置的是一串數字，由 0 與 1 所組成，稱之為 IP Address，這串數字像是一台電腦的「門牌號碼」，在網路上是獨一無二的，由四組介於 0～255 之間的數字所組成，譬如說 PChome 網站的 IP Address 為：210.59.230.60；但是，這樣的數字組合過於繁雜且無意義，人的短期記憶不太能夠接收，於是就制定出 Domain Name（虛擬網址），以簡易且又代表某個意義的網址來代替 IP Address。

格式為「網路協定 :// 伺服器名稱 . 組織名稱 . 單位類別 . 國域」，譬如說 PChome 網址的虛擬網址即為：

$$\underset{(1)}{\text{http://}}\underset{(2)}{\text{www}}.\underset{(3)}{\text{pchome}}.\underset{(4)}{\text{com}}.\underset{(5)}{\text{tw}}$$

1 網路協定

可為 HTTP、FTP、Mailto 等等，不同協定可用於連接不同的伺服器；HTTP 協定可連接 Web Server、FTP 協定可連接 FTP Server，而 Mailto 協定可連接 Mail Server。

2 伺服器名稱

分為 www、FTP 及 mail 等等，該名稱為網頁伺服器所自訂的名稱；一般來說，網站管理者通常會以「www」作為網站伺服器（Web Server）的名稱，但不一定得用「www」，也可以是其他名稱，可視管理者的考量而自行修訂。

使用者透過網際網路（Internet）連到全世界各地設有網站伺服器（Web Server）的電腦，而這些 Web Server 則透過 HTTP 協定，提供給使用者閱覽多媒體的網頁內容。

3 組織名稱（域名）

通常是依據公司名稱、政府單位、財團法人或個人喜好所自定，由於組織名稱在網址列中具有代表性，因此，國內商標法的保護範圍亦涵括組織名稱的申請；例如：yahoo 或 asus 等知名公司的域名受到商標法保護，故不得任意申請。

但由於域名申請的費用低廉，因此有些公司會先去申請還未被使用，且較好聽或好記的域名，等到有其他公司要申請該名稱時，再以高價賣出其域名所有權，這樣的域名公司俗稱為「網路蟑螂」。

4 單位類別

代表虛擬網址是偏向何種屬性。

▼ 表 3-7　單位類別對照表

單位類別	屬性
com	商業公司
edu	教育機構
gov	政府機關
org	組織法人
idv	個人網域
mil	軍事單位
net	網路支援中心
int	國際組織

從上表所列之資訊，我們可得知 PChome 的屬性為「商業公司」；一般來說，在網路上以營利為主的公司，大多屬於「com」。

5 國域名稱

指的是該網址名稱歸於哪個國家控管；一般來說，作為該網站伺服器的主機大都位在該國家內，在下表僅列出常見的國域。

▼ 表 3-8　國域名稱對照表

國家名稱	代表國家
tw	臺灣
cn	大陸
hk	香港
jp	日本
au	紐西蘭、澳洲
uk	英國、愛爾蘭
sg	新加坡
ca	加拿大
br	巴西
fr	法國
de	德國

為什麼沒有「美國」的國域名稱？

因為一開始的網際網路便是由美國發展而起，當時並沒有所謂的國域名稱問題；但隨著網際網路的盛行，便開始有了國家區分的概念，而陸續加入了 tw、cn、jp 等國域，並交由該國的 NIC（Network Information Center）來管理，譬如臺灣的 Domain Name（網域名稱尾端為 .tw）便是交由 TWNIC 財團法人臺灣網路資訊中心（http://www.twnic.net/）所控管。

是故，美國的網址是不需加上國域名稱的；譬如臺灣的 Yahoo! 奇摩網址為 http://www.yahoo.com.tw，而美國的 Yahoo! 奇摩網址則為 http://www.yahoo.com，不需在後面加入國域名稱。

目前管理全球網域名稱與 IP Address 的分配，係由「網際網路名稱與 IP 地址分配機構」（Internet Corporation for Assigned Names and Numbers, ICANN）所負責，其為美國的一間非營利機構組織。

3.4.2 DNS 轉址

當使用者在網頁中鍵入 http://www.pchome.com.tw 時，瀏覽器會去尋找最近的 DNS（Domain Name Server，虛擬網址伺服器），而 DNS 便會將虛擬網址轉換為真實的 IP Address，也就是 http://210.59.230.60，俗稱為 DNS 轉址，如此瀏覽器就可以指向到 PChome 網站的真實 IP Address，並將網站的資料下載到使用者的螢幕面前。

簡單地說，在 DNS 中有個「虛擬名稱」與「真實 IP Address」的對照表，就像是一位翻譯員，幫忙使用者記憶著複雜且無意義的數字。

以連線PChome網站為圖例，說明DNS轉址：
使用者在瀏覽器中輸入網址
http://www.pchome.com.tw

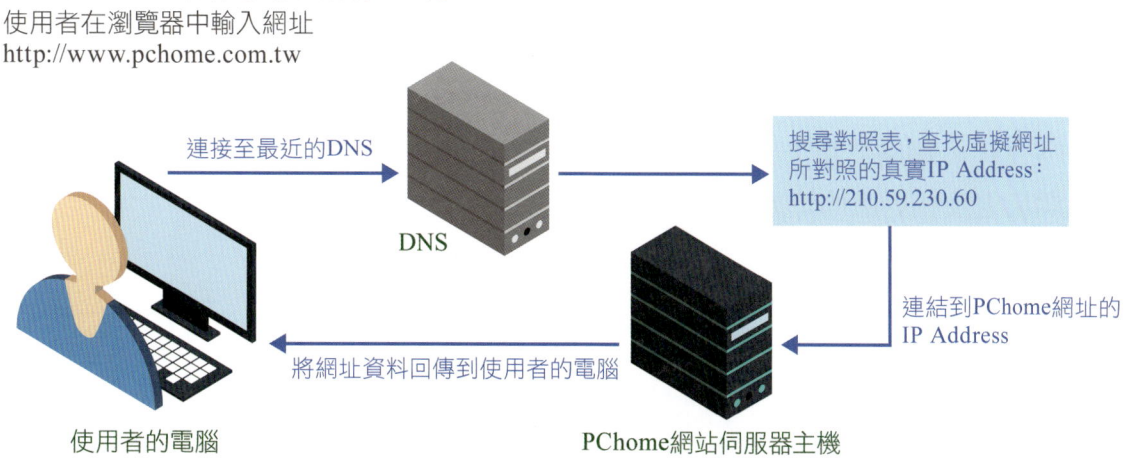

▲ 圖 3-12　DNS 轉址說明

當然，如果使用者記得住複雜又無意義的 IP Address，只要直接在網址輸入此 IP Address，便可不必透過 DNS 轉址，直接連線到該網站伺服器，譬如說輸入 http://210.59.230.60 便可直接連線到 PChome 網站；網域名稱是用來幫助使用者記憶網址，而 DNS 則會將網域名稱轉為伺服器的真實 IP Address。

3.4.3 URL 全球資源定位器

1 URL 網址

URL 俗稱為「網址」，其格式為「通訊協定 :// 網域名稱或 IP Address: 通訊埠號 / 路徑 / 檔案名稱」，例如「http://www.yahoo.com.tw:80」（後方的 80 Port 為 HTTP 預設埠號，因此一般在網址列中可省略不打），則透過 HTTP 協定可連接到奇摩網站；而「ftp://000webhost.com」，則是透過 FTP 協定連接到 000webhost 這個 FTP 站台。

比較特別的是，若是使用郵件軟體寄信，其語法為「mailto: 帳號 @ 電子郵件伺服器的網域名稱或是 IP Address」，「mailto:」後面不需加上「//」倒斜線，例如「mailto:test@test.edu.tw」，則是寄信給在 test.edu.tw 郵件主機中的 test 使用者。

2 通訊協定及通訊埠號（Port Number）

URL 網址所使用的通訊協定，皆會連接一組預設的通訊埠號，而兩部電腦在進行某個通訊協定的資料傳輸時，便是經由這組預設的通訊埠號所傳輸，在 IANA 組織規定中，常用埠號 0～1023 被預設為具有特殊用途的埠號（Well-Known Ports），使用者需根據伺服器所提供的服務來選擇使用對應的通訊協定，若存取的服務不同，所使用的通訊協定便不同。

HTTP、HTTPS 為 WWW 全球資訊網所用的通訊協定，用來連結網站伺服器。其中，HTTPS（HTTP over SSL）協定，用以加密瀏覽的網頁，使用埠號為 443，HTTPS 常用於網路信用卡交易、線上購物、使用者傳送帳號及密碼。在此列出常見的通訊協定及相對應的埠號。

▽ 表 3-9　常用協定與埠號對照表

協定	Http	Https	FTP	SSH	Telnet
埠號	80	443	21	22	23
協定	SMTP	POP3	IMAP	DNS	DHCP
埠號	25	110	143	53	67、68

3.4 MCT 模擬試題

____ 1. 下列關於通訊埠號，何者有誤？
   (A) HTTPS 使用 80 埠號
   (B) DNS 使用 53 埠號
   (C) Telnet 使用 23 埠號
   (D) IMAP 使用 143 埠號

____ 2. 小華透過微軟 Outlook 軟體，以 SMTP 協定寄信給他的朋友，電子郵件為 test@test.edu.tw，上述這個寄信動作可能會用到的通訊埠號為何？
   (A) 53、110
   (B) 23、143
   (C) 80、110
   (D) 25、53

____ 3. 下列關於網域名稱的敘述，何者正確？
   (A) 同一個 IP Address 可對應到不同的網域名稱
   (B) 「http://tw.abc.com」網域名稱是在臺灣申請
   (C) 「DHCP://test.edu.tw」連線到該站台可配發虛擬 IP Address
   (D) 「http://www.labor.gov.tw」為臺灣法人組織的網站

____ 4. 下列關於網域名稱的單位類別，何者正確？
   (A) edu 為法人組織
   (B) idv 為網路公司
   (C) gov 為軍事單位
   (D) com 為商業公司

____ 5. 下列何者是全球網域名稱及 IP Address 發放的管理機構？
   (A) CA
   (B) TWNIC
   (C) NIC
   (D) ICANN

3.5 網路專線與雲端服務

3.5.1 固接專線

固接專線是專門提供給使用者獨用頻寬的高速傳輸線路，但由於所費不貲，因此多為企業用戶使用，例如作為 B2B 電子商務或網路銀行的主要線路。

專線以電路交換（Circuit Switch）方式建立永久連線的資料服務，T1 專線係由貝爾實驗室（Bell Laboratories）所定義的網路傳輸單位，速率為 1.544 Mbps，可同時傳送二十四條電話訊號；T2 專線則相當於四個 T1 專線，速率為 6.176 Mbps；T3 專線相當於七個 T2，也就是二十八個 T1，速率為 44.736 Mbps。

目前，大部分骨幹網路技術已從傳統的 ATM（非同步傳輸模式）轉向更快速且靈活的技術，例如乙太網路（Ethernet）和多協議標籤交換（MPLS）。這些技術提供更高的速度、可靠性和可擴展性，廣泛應用於現代企業和 ISP 的核心網路。

乙太網路（Ethernet）目前正逐步升級為 10 Gbps、40 Gbps 甚至 100 Gbps 的高速網路，成為目前骨幹網和區域網的首選技術。多協議標籤交換（MPLS）提供 QoS（服務質量）保證，適用於企業專線和骨幹網。

速度上的比較：Ethernet > MPLS > T3 > T2 > E1 > T1。

▼ 表 3-10　常見專線的速度

專線技術	速度
T1	1.544 Mbps
E1	2.048 Mbps
T2	6.176 Mbps
T3	45 Mbps
MPLS	高達 1 Gbps 或以上
Ethernet	10 Gbps 至 100 Gbps

3.5.2 雲端服務技術

雲端服務（Cloud Services）主要是透過網路連結多部主機，或是讓使用者透過網路便可直接使用遠端主機所提供的服務。例如 Google Docs 可讓使用者透過瀏覽器界面來使用 Office 辦公室軟體，如文件、試算表或是簡報檔案的編輯；亦可讓使用者透過多種設備（電腦、平板或智慧型手機），進行類似 Word 的編輯或以 PDF 觀看。

美國國家技術標準局（National Institute of Standards and Technology, NIST）對於雲端服務列出五大特性：

1 隨選服務（On-Demand Self-Service）

雲端供應者提供相關的服務平台，讓使用者可依據自身需求，進行個人化的服務設定。

2 無所不在地存取網路服務（Broad Network Access）

使用者可隨時隨地存取雲端服務，無論使用者的人數多寡，皆可透過網路進行雲端服務的使用。

3 資源池（Resource Pooling）

雲端資源供應者透過多租用者模式（Multi-Tenancy）以配適使用者的個別需求，因此個別用戶僅可就使用權限來存取「資源池」中的某些資源，但卻無法確知「資源池」實際的確切位置，僅知存放在某個國家、州或市。

4 快速部署（Rapid Elasticity）

能隨時因應使用者的需求而動態調整服務內容，依據組織的成本與預算去部署出適當的服務規模。

5 可計算的服務（Measured Service）

雲端供應者掌控所有雲端服務的流量及使用，也因此可為使用者提供相關的分析報告及決策參考等服務應用資訊。

根據以上雲端服務的五大特性，可歸納出雲端服務的優點為降低組織軟硬體的資源成本、減少對於系統維護的人力成本、加強資料保護的安全性、無所不在地使用服務、且服務由於可被計算，因此使用多少才付費多少；而缺點在於只要網路中斷，服務就無法使用、網路速度的快慢將影響雲端服務的品質與資料完整性，以及設備依賴於雲端供應商，無法自主管理。

3.5.3 雲端服務的種類

1 IaaS

基礎設施即服務（Infrastructure as a Service, IaaS）是以租用方式透過網路提供儲存或伺服器運算能力等的基礎設施，為一種完全外包的服務，例如將主機託管、租用網路硬碟等；用戶能根據需求購買基礎設施的服務，並在需要服務時才付費。

IaaS 的供應商是透過虛擬化系統以提供用戶端服務，而用戶端若自行架構相關設備，其成本則會非常昂貴；例如：Cisco（思科）、HP 或 HiNet 皆有提供虛擬化伺服器租用服務。

2 PaaS

平台即服務（Platform as a Service, PaaS），驅動上層硬體設備，支援下層使用者平台，由軟體業者建置軟體或作業平台系統。

其介於 IaaS 與 SaaS 之間，例如：Heroku 雲端平台，提供一個讓使用者可以自行在平台上開發各種網站或應用程式的環境，使用者不需自己架設機器及管理資料庫的安全性；例如：Google Apps。

3 SaaS

軟體即服務（Software as a Service, SaaS），亦稱為即需即用軟體（on-demand software），使用者僅需透過網際網路便能使用雲端平台所提供的軟體服務，例如：Google Docs，提供使用者透過其雲端服務來管理文書檔案。

4 Serverless 架構（FaaS）

Serverless 架構是一種雲端計算模型，開發者可以專注於應用邏輯的開發，而不需要管理伺服器的基礎設施。FaaS（Function as a Service）是 Serverless 的核心服務模式，允許開發者以小型、事件驅動的函數形式運行代碼，例如 AWS 的 Lambda 運算服務。

5 混合雲（Hybrid Cloud）

混合雲是一種雲端部署模型，將本地 IT 基礎架構（包括傳統架構和私有雲）與公共雲服務，例如：Google Cloud Platform（GCP）、Amazon Web Services（AWS）、Microsoft Azure 或其他雲服務供應商（CSP）提供的外部資源和服務相結合，提高資源的靈活整合與有效利用。其結合了公有雲（Public Cloud）和私有雲（Private Cloud）的優勢，用於滿足企業在安全性、靈活性和成本方面的需求。

3.5 MCT 模擬試題

____ 1. 彼得做為一位小型公司的網路管理工程師，該公司的系統硬體已屆汰舊年限，他預期將系統移機到雲端平台的服務提供者（PaaS），下列哪個建議是他可以說服主管接受提案的因素？
   (A) 轉置到雲端服務將提高系統安全性
   (B) 存取系統的速度將會增快
   (C) 不再仰賴網際網路
   (D) 減少硬體設備的採購與維護成本

____ 2. 蘿莉作為一間國際性顧問管理公司的系統主管，其內部資訊系統及軟體是依據公司業務需求及特性所建置，多數為專有軟體（Proprietary Software Systems），需透過自行設定方可調校到最適合於公司運行所需；公司高階的行政團隊「提議」將這些資訊系統及軟體轉置到雲端服務，可提高現有經營效益，蘿莉可提出什麼樣的論點去反對這項「提議」？
   (A) 雲端服務所付出的代價更高
   (B) 雲端服務相較於內部系統來說，其可自行設定以配適公司需求的選項來得較少或有其限制
   (C) 公司需採購額外的硬體設備，以支援系統轉置到雲端服務
   (D) 雲端系統並未提供維護與更新的服務

____ 3. 彼得決定要將儲存在手機的所有相片上傳到雲端硬碟中，以釋放出空間來拍更多的相片，這樣的做法最可能會遇到以下什麼問題？
   (A) 在傳輸相片的過程，被駭客所截取
   (B) 將相片上傳到雲端空間，比較容易受到綁架軟體的勒贖
   (C) 大量的相片在傳輸的過程中，容易造成相片的毀損
   (D) 當沒有網路連線時，就無法觀看雲端相片

____ 4. 關於 ATM（非同步傳輸模式）的敘述，何者有誤？
   (A) 一種高速傳輸的網路技術
   (B) 可用於遠距教學、視訊會議、虛擬實境
   (C) 速度比 T3 專線來得慢
   (D) 國家資訊基礎建設（NII）以 ATM 作為骨幹網路

____ 5. Adobe CC、Office 365、Google Docs 屬於哪一種的雲端服務應用？
   (A) PaaS　(B) RaaS　(C) IaaS　(D) SaaS

____ 6. 下列何者屬於是 IaaS（基礎架構即服務）？
   (A) Apple Store　(B) Amazon 虛擬主機　(C) Google Docs　(D) Facebook Messenger

3.6 行動裝置應用

　　在目前幾乎人手一機的時代，行動裝置產生出多樣化的應用，讓人們的生活變得更加精彩與便利。行動裝置又稱為手持式設備，通常包括智慧型手機和平板電腦等。其中平板電腦的螢幕較大，其 CPU 處理效能也不遜於一般個人電腦，因此常被應用於行動商務。個人行動辦公室中的文書編輯、客戶電子契約的簽訂及線上即時觀看商品等，均能透過行動裝置輕鬆完成。

　　行動裝置的特性包括支援 5G 和 Wi-Fi 6 技術，這使得裝置具備更高的傳輸速度和更低的延遲，進一步提升了行動裝置在不同場景中的應用價值。例如，5G 網路允許行動裝置實現智慧家庭或工業物聯網中的即時數據交換，而 Wi-Fi 6 則在高密度網路環境中提供更穩定的連接。同時，行動裝置以觸控螢幕和語音輸入作為主要的操作方式，內建 SSD 作為儲存媒介，提供更快的數據存取速度。此外，智慧型手機還支援熱點功能，能作為無線基地台為其他設備提供網路連線。

　　由於雲端服務的普及，行動裝置能夠輕鬆存取多種雲端資源。例如，用戶可以透過瀏覽器來聆聽線上音樂、使用雲端辦公軟體、存取共享圖片或影片，甚至利用遠端桌面技術管理伺服器。然而，使用雲端服務的最大限制是需要穩定的網路連線，一旦網路中斷，用戶將無法繼續存取線上資源。此外，雖然行動裝置的功能接近於個人電腦，但其處理器和記憶體受限於設備的便攜性設計，導致效能不如桌面電腦。因此，行動裝置無法運行大型伺服器作業系統或支援多用戶連線的應用。

　　手持式裝置的作業系統已經進入多元化時代，包括 Android（Google）、HarmonyOS（華為）、iOS（Apple），以及針對功能型手機設計的 KaiOS 等，這些系統不僅專注於提升用戶體驗，還逐步加強與物聯網生態的整合功能。

　　行動裝置在結合 5G 和 Wi-Fi 6 技術後，逐步成為人類生活中的核心工具，無論是在商務應用還是日常娛樂中，都能充分展現其簡易快速並且靈活的特質。

3.6 MCT 模擬試題

____ 1. 行動運算已廣泛地運用在行動商務交易，以及個人行動辦公室等活動，下列何者擁有類似智慧型手機的行動運算能力，但並無撥電話的功能？
(A) 個人電腦　(B) 嵌入式晶片　(C) 平板電腦　(D) 行動音樂播放器

____ 2. 下列哪一種電腦設備主要是以觸控螢幕為輸入設備，並以固態硬碟作為資料的儲存方式，通常以 Wi-Fi 連線網際網路？
(A) 個人電腦　(B) 平板電腦　(C) 嵌入式晶片　(D) 行動音樂播放器

____ 3. 透過行動裝置可以即時地連結各種雲端服務應用，下列何者為行動裝置目前存在的缺點？
(A) 行動裝置無法安裝多人連線使用的大型伺服器，及其支援的資料庫系統
(B) 行動裝置無法透過瀏覽器即時連線存放在遠端的檔案或影片
(C) 行動裝置沒有遠端登入主機的功能
(D) 行動裝置不可以在線上使用辦公室軟體

____ 4. 行動裝置讓使用者可以存取置放在遠端主機上的軟體或系統，因此可作為一種綠色機器（Green Machine）的選擇，其主要原因是？
(A) 行動裝置具有高速執行程式的功能
(B) 可以儲存大量資料在行動裝置中
(C) 行動裝置的功能已經完全和個人電腦無異
(D) 行動裝置可透過較少的資源及較便利的方式來管理遠端系統

____ 5. 凱西到外地出差，她發現旅館並未提供 Wi-Fi 熱點，這時候她的智慧型手機可以提供什麼功能？
(A) 利用手機以 VPN 方式連線回公司，進行遠端檔案的操作
(B) 透過手機的 GPS 尋找附近有提供 Wi-Fi 熱點的地點
(C) 使用手機聯繫同事，將所需要的檔案送來旅館
(D) 開啟手機的 4G 訊號並開啟無線基地台的共用設定，讓筆記型電腦可以透過手機來連線雲端平台

____ 6. 下列哪個連接埠，常用於手機傳輸檔案到電腦之後，或是用為手機充電使用？
(A) DVI　(B) IEEE 1394　(C) Micro-USB　(D) HDMI

____ 7. 下列哪一種作業系統不適合部署到智慧型手機上使用？
(A) Android　(B) UNIX　(C) iOS　(D) Windows Phone

____ 8. 為確保手機電池可持續維持電量的能力，何者是最有效的方式？
(A) 當電量耗損到只剩三成就立刻充電　(B) 使用不斷電系統進行手機的充電
(C) 將手機一直持續地連接充電器　(D) 當手機電池電力已滿，便拔除充電器

3.7 電子郵件

3.7.1 電子郵件格式

電子郵件（Electronic mail, Email）是網際網路上郵件傳遞的常見應用，人們透過電子郵件的寄收以交換彼此信息，在日常生活中，常使用於交換檔案文件；郵件伺服器（Mail Server）則是一部幫助使用者「寄送」及「收件」的伺服器主機，使用者在申請郵件帳號之後，即可獲取一組電子郵件信箱，格式為「帳號 @ 伺服器主機位址」，例如 abc 為使用者帳號、mail.xxxx.net 為郵件伺服器位址，則其電子郵件信箱為「abc@mail.xxxx.net」，@ 發音為「at」。

使用者可透過電子郵件軟體，例如 MS Outlook 或 Outlook Express 來收發郵件，透過 SMTP 協定（Simple Mail Transfer Protocol）或是 IMAP 協定進行「寄發」郵件，再使用 POP3 協定（Post Office Protocol 3）將郵件「收進來」到主機中；因此，使用者需在電子郵件軟體中設定寄信所要用的 SMTP 主機，以及收信所要用的 POP3 主機。

另一種收發電子郵件的方式是透過網頁郵件主機（Web Mail），用戶可以在網路上以瀏覽器登入郵件主機，輸入帳號和密碼後直接收發郵件。這種方式的最大優勢是無需特定的郵件軟體，僅需具備網路連線和電腦（或行動裝置），即可隨時隨地管理電子郵件。目前主流的網頁郵件服務（如：Google Mail、Yahoo 信箱）多為個人用戶提供免費使用，方便且實用。

3.7.2 雲端郵件整合服務

現代雲端郵件服務，例如 Microsoft 365 和 Google Workspace 目前已超越傳統的電子郵件功能，提供了更全面的協作工具和智能功能：

1 Microsoft 365

- **整合協作工具**：結合 Teams、SharePoint 和 OneDrive，支援即時通訊、檔案共享和版本控制。

- **智能功能**：Outlook 提供智能提醒和會議安排建議，減少用戶的日程管理壓力。

- **提升安全性**：內建威脅保護功能，使用 AI 偵測釣魚郵件和惡意附件。

2 Google Workspace

- **即時協作**：結合 Gmail、Google Drive 和 Google Docs，允許多用戶即時編輯文件。
- **智能過濾**：Gmail 提供自動分類垃圾郵件、推廣郵件的功能，並透過 AI 進行郵件回覆的建議。
- **資料保護**：內建的數據防漏（DLP）和加密功能確保敏感資訊的安全傳輸。

這些雲端解決方案不僅提升了郵件通信的效率，還加強了團隊協作和數據安全，成為現代企業必備的數位工具。

3.7.3 電子郵件的安全協定

隨著電子郵件成為日常溝通和商務交易的重要工具，電子郵件的安全性需求日益提升。現代電子郵件系統採用了多種安全協定來防止詐騙郵件和垃圾郵件。

1. **SPF（Sender Policy Framework）**：確保郵件伺服器僅允許授權的 IP 位址發送郵件，防止寄件人地址被冒用。

   應用場景：防止釣魚郵件偽裝成合法來源。

2. **DKIM（DomainKeys Identified Mail）**：透過數位簽章驗證電子郵件是否被修改，確保郵件完整性和可信度。

   應用場景：電子商務平台向客戶發送訂單確認或用於交易通知以提高信任度。

3. **DMARC（Domain-based Message Authentication, Reporting, and Conformance）**：將 SPF 和 DKI 結合，提供更強大的郵件身分驗證，並能發送詳細的郵件驗證報告。

   應用場景：大型企業防止品牌被釣魚郵件冒用，提升企業信譽。

3.7.4 電子郵件的應用

1 郵件轉寄與回覆

當郵件收進郵件信箱後，可以將此郵件「轉寄」給某位朋友，或是「轉寄」某個群組，設定在群組內的所有朋友都能收到；當朋友收到轉寄的郵件時，該封郵件的主旨最前面會有綴字「FW」，其為轉寄（Forward）的意思。

若是要「回覆」這封信件，則可以選擇「回覆」或是「回覆所有人」兩個方式，選擇「回覆」是將回覆內容傳給郵件的寄送人，使用「回覆所有人」的方式，則是這封信件的所有收件人都將收到這封回覆信件；當朋友收到回覆的郵件時，該封郵件的主旨最前面會有綴字「RE」，其為回覆（Reply）的意思。

在商業經營與國際貿易中，郵件回覆是最常用於交易雙方進行問題確認與回覆的一種方式，除了藉由郵件往來以進行溝通，郵件內容也可成為日後雙方有合約疑問時的依據。

在轉寄信件時，除了應注意收件人身分是否合適之外，亦應考量收件人是否會介意收到轉寄信件，例如廣告信、笑話信或連鎖祝福信，轉寄人或許覺得信件內容是有價值的，但對他人來說可能會造成困擾或反感；另外，還有部分郵件含有副檔名為 .exe 的執行檔，表面上是執行一支有趣的遊戲或是一部精彩的動畫，實際上這樣的執行檔可能帶有木馬程式，意圖入侵使用者的電腦以竊取個人隱私。

類似這樣困擾他人的郵件，通常郵件伺服器會將這些意圖讓電腦中毒或全是廣告的信件，透過規則的建立（例如：多數收件人都收到重複的主旨或重複的內容）將該類郵件視為垃圾郵件（Spam Email），被視為垃圾郵件的信件，郵件伺服器會在主旨前方自動加上綴字 [Spam]。

2 附件檔案與設定「讀取回條」

郵件內容中若有 HTTP 或 FTP 等常用通訊協定，郵件軟體通常會自動將這段含有通訊協定的鏈結加上「底線」。

而郵件若含有附件檔案，則對方在收信時，會在主旨前方看到一個「迴紋針」的圖案，代表該封郵件含有附件檔案；附件檔案並非沒有容量上的限制，通常郵件軟體或郵件伺服器會規定每封信件最多可夾帶多大容量的檔案，超過這個限制則無法正常寄出，以確保收件人不會因為某一個大容量的檔案而造成郵箱爆炸（意指郵箱可存放的郵件總容量超過系統規定，使得收件人將無法再收受任何郵件）。

在一般事務工作上，有時候必須確認對方已經讀取我們所寄出的信件，這時候便可以在信件上設定「讀取回條」（Read Receipt），當收件人收信時，會跳出「寄件者要求傳送讀取回條」的訊息，收件人若點選「傳送回條」後，則原寄件人則會收到「讀取回條」，亦可代表收件人已讀了這封郵件。

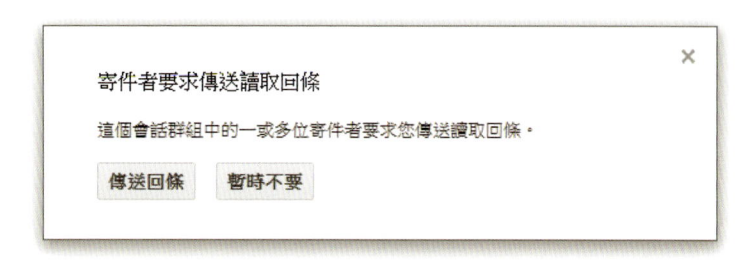

▲ 圖 3-13　讀取回條訊息

3 收件人、副本及密件副本

撰寫一封電子郵件時，可以選擇收件對象共有三種，分別為「收件人」、「副本」及「密件副本」；在填寫收件人電子郵件信箱時，若有兩個以上的收件人，則可以用分號「；」來作區隔。

選擇「收件人」，則所有收件人都可以看到這封信總共寄給了哪些人；選擇「副本」則算是一種「複製信件」的方式，雖然所有的收件人都可以看到這封信，但在「收件人」回信時，副本收件人是不會收到回信的。

因此「收件人」的角色算是主要收信者，而「副本」的角色則算是收到「複製信件」。

舉例來說，小華要交作文給老師批改，但他又想將本篇作文寄給小明觀看，因此小華將老師列為「收件人」的位置，而小明則列為「副本」的位置。當老師收信時，他會看到「收件人」只有自己，而小明列在「副本」位置，所以老師在回信告訴小華成績時，只有小華會收到，小明因為列在「副本」則不會收到回信，但若老師選擇的是「全部回覆」（Replay All），小明也會收到。

簡單地說，一封信的主要收件人，則列在「收件人」中；而次要收件人，則列在「副本」中即可。

▲ 圖 3-14　Gmail 撰寫新郵件時的信件畫面

另外，選擇「密件副本」則是為了隱藏收件人位址，讓收件人不知道這封信還寄給了哪些人，多用於保護收件人隱私。

再舉例說明，收信人共有甲、乙、丙、丁四人，若是將「甲、乙、丙、丁」都列入「收件人」，那麼所有的人都能看到大家的 Email；若是將「甲」列入「收件人」，「乙、丙、丁」列入「副本」，則乙收到時，會看到「甲」在收件人中，也會看到其他人都在「副本」裡，而乙回信後，只有「甲」會收到（若乙選擇的是「全部回信」，則所有人都會收到）；若是將「甲」列入「收件人」，「乙、丙、丁」列入「密件副本」，則乙收到時，只會看到「甲」在收件人中，除此之外，看不到其他人的 Email。

4 電子郵件的撰寫要領

在往來商業書信的撰寫時，應注意一些要點以避免失禮於人：

1. 主旨簡明扼要，直接述明來信要求或目的。
2. 內文結構清楚，條列式文字可用項目編號。
3. 郵件內容尾端的簽名檔應包含寄件人的公司名稱及聯絡資訊。
4. 式書函避免使用特殊符號或表情符號，例如：☆或 ^_^。
5. 敘事方式應溫和適當，不夾雜個人情緒。
6. 寄信前再確認過所有內容。
7. 回信（RE）或轉寄（FW）應注意收件人是否合適。

3.7 MCT 模擬試題

_____ 1. 假設你買了一支新手機，初始化開機時，手機系統要求你輸入常用的電子郵件，以作為該支手機預設的電子信箱服務，因此下列哪些選項是你一定要輸入的資訊方能完成電子郵件設定？
(A) Email、SMTP、POP3，以及該組 Email 的帳號及密碼
(B) Email、個人生日、SMTP、POP3 以及該組 Email 的帳號及密碼
(C) 手機電話、Email 以及該組 Email 的帳號及密碼
(D) 公司資訊、手機電話、Email、SMTP、POP3，以及該組 Email 的帳號及密碼

_____ 2. 小華是一位新進的行銷人員，由於他服務的公司並沒有建置郵件伺服器主機，他又想要客戶可以有任何問題可以直接寄電子郵件和他聯繫，以下哪種做法最為合適？
(A) 請客戶直接寄給他的同事，他再跟同事收取郵件
(B) 等公司建置郵件伺服器後，再跟客戶聯繫
(C) 申請免費的網路郵件信箱，並設定郵件收信通知，隨時隨地不漏接郵件
(D) 請客戶以 Facebook 社群網站留言給他

_____ 3. 下列哪個協定是電子郵件軟體應需設定的收信伺服器？
(A) SMTP　(B) IMAP　(C) DNS　(D) POP3

_____ 4. 下列哪個協定是電子郵件軟體應需設定的發信伺服器？
(A) SMTP　(B) IMAP　(C) DNS　(D) POP3

_____ 5. 關於電子郵件撰寫的要領，何者正確？
(A) 郵件主旨應詳細說明來信內容，讓收件人觀看主旨即可得知內容
(B) 條列式的內文可用項目進行編號
(C) 可適當地加入特殊符號或表情符號以拉近彼此距離
(D) 商業書信往來應在內文中詳細說明彼此合作計畫的全部內容

_____ 6. 小明在收到小華的來信後，他發現來信「副本」內也有同一群好友的 Email，他想回信給小華，並且希望副本的好友們也能收到，以下哪一種作法較合適？
(A) 先回信給小華，再將回信內容轉寄給副本的所有好友
(B) 先回信給小華，再請小華轉寄給副本的所有好友
(C) 點選「全部轉寄」，則所有人都能收到
(D) 點選「全部回覆」，則副本內的朋友也會收到

3.7 MCT 模擬試題

_____ 7. 假如你收到了一封連鎖祝福信，信中說若不即時再轉寄給三個人，將在三天內遭逢惡運，相反地，但若確實寄給其他人，則會獲得好運；從人際關係管理來看，當你轉發後比較可能會發生什麼情況？
(A) 其他沒收到祝福信的朋友可能會產生怨懟
(B) 收到祝福信的朋友會再繼續寄給其他人，而自己將獲得好運
(C) 轉寄的人將會愈來愈多，因此這封信不會被認為是垃圾信（Spam Email）
(D) 收到連鎖祝福信的朋友們將感到困擾

_____ 8. 你想請合作夥伴透過電子郵件將本季最新的產品目錄檔案寄給你，但你卻遲遲未收到，因此聯繫對方再多送幾次郵件，但過了幾天仍未收到。
因此你向公司資訊部門查找這封郵件，資訊部門的 MIS 工程師回應這封信被郵件伺服器列為垃圾郵件（Spam Email），信件內容含有 Product.exe 的附件檔案，請問這封信最有可能是什麼因素被系統列入垃圾郵件？
(A) 附件檔案 Product.exe 含有木馬程式
(B) 對方寄了太多次同封郵件，因此被列為垃圾郵件
(C) Product.exe 檔案太大，超過附件檔案容量大小的限制
(D) Product.exe 檔名類似廣告信件，因此被列為垃圾郵件

_____ 9. 若要在電子信箱中查找一封含有附件檔案的郵件，可查找信件主旨前方有什麼樣的「符號」？
(A) 驚嘆號　(B) 資料夾符號　(C) 迴紋針　(D) 黃色燈號

_____ 10. 你想要和朋友分享最近養寵物時所拍攝的照片，為了追求較高精緻度的照片，每張數位照片的容量皆在 2 MB 以上，你打算一次寄出約一千張的照片給你的朋友，以下何者是應該考量的主要因素？
(A) 網路速度太慢而無法寄出
(B) 圖片品質太高而無法寄出，郵件僅能寄縮圖格式
(C) 郵件系統規定的附件檔案容量沒那麼大
(D) 對方的郵件空間無法容納 2 GB 的檔案

3.8 顧客關係管理

3.8.1 CRM 的 10C

顧客關係管理（Customer Relationship Management, CRM），是企業透過管理並分析與客戶的往來紀錄，例如交易過程、客戶通話或網路問答、使用產品的回饋等，以協助企業開發潛在新客戶、提升舊有客戶的體驗，並使用行銷工具創造新的服務與應用，可透過資訊科技來協助企業在銷售、行銷、產品服務等與客戶的互動。

CRM 的主要架構與方式共有「10C」，分別如下：

▶ **顧客資料（Customer Profile）**

蒐集客戶的基本訊息，例如人口統計資料、消費特性、目前與潛在需求、收入支出、交易紀錄等等。

▶ **顧客知識（Customer Knowledge）**

運用各類資訊、知識與員工經驗，來開發與維持帶給企業利潤的客戶；組織成員透過學習，有效地運用客戶資料、個人經驗以提供組織對於顧客知識的深度與廣度，進而使得顧客知識成為組織的智慧以提升企業的競爭優勢。

▶ **顧客區隔（Customer Segmentation）**

將客戶依照對於產品和服務的慾望與需求，區分為不同的顧客群（Need-based），或是獲利率（Value-based）。其中獲利率對於 CRM 來得重要許多。

▶ **客製化（Customization）**

為單一客戶量身訂製符合其需求的產品或服務；例如一對一的價格、行銷或通知。此為 CRM 重要的方式之一，從大量的市場行銷（Mass Marketing）轉變為區隔行銷（Segmentation），最後演變成一對一行銷（One to One Marketing）。

▶ **顧客價值（Customer Value）**

是指客戶期盼從產品或服務所得到的利益總和，其中包括產品價值、服務價值、品牌價值等等。CRM 的目的在於可降低成本並提高顧客價值。

▶ **顧客滿意度（Customer Satisfaction）**

是指客戶對於產品或服務的「期望」與「實際感受」之間的落差程度，滿意度可能是正向的，也可能是負向的。

- **顧客發展（Customer Development）**

    是指提升忠誠客戶對於公司的價值貢獻度（Wallet Ration）。主要有兩種作法：交叉銷售（Cross Sell）：吸引忠誠客戶購買公司的其他產品，以提升對本公司的淨值貢獻；進階銷售（Up Sell）：在適當時機促銷更好、更新或更貴的同類別產品。

- **顧客維持率（Customer Retention）**

    試圖留住有價值的忠誠客戶，並透過量身訂製的個別化商品以提升顧客滿意度，CRM 透過降低顧客流失率（Churn Rate），以獲取顧客永久的淨值貢獻。

- **顧客獲取率（Customer Acquicition）**

    提供比競爭對手來得更高價值的產品或服務，以吸引新客戶的注目與採購。

- **顧客獲利率（Customer Profitability）**

    是指客戶終其一生對於企業所貢獻的利潤總和，計算方式為客戶終生的購買金額扣除企業所投入在該客戶的所有成本。

3.8.2 顧客關係管理系統

企業從各角度來瞭解及區別客戶，試圖發展出一套企業資訊系統來管理客戶需求的產品或服務，其中包括市場開發、訂價、行銷等策略管理，以提升顧客滿意度、忠誠度、維持率與新客戶的獲取率。

目前企業 CRM 系統傾向以 Web-Based（網頁導向）技術進行開發，隨著 Web 2.0 技術的成熟，企業則可透過更有效率的方式獲取客戶回應並瞭解其需求；另一個使用 Web-Based 系統的優點在於，企業員工只要擁有可以上網的環境，即可隨時隨地使用 CRM 系統，以瞭解企業策略並運用系統工具來進行相關行銷活動，亦可符合現代企業布點於全球各地的遠距管理需求。

CRM 系統的管理及建置，通常有三種方式，企業管理部門自行管理、委託專業公司建置、將系統建置託管於雲端平台。

從管理成本來看，企業自行管理所耗費的維護成本來得最高，但 CRM 系統的安全性及穩定度也是最好；透過雲端平台的建置則最符合成本效益（Cost-Effective），亦即最節省管理成本，但最大的缺點是一旦網路斷線或沒有可以連線上網的環境，企業員工將完全無法存取其系統。

3.8 MCT 模擬試題

____ 1. 柏森任職於一家化妝品銷售的小型公司,主要負責顧客意見回應與內部員工素養的訓練工作,主管要求他規劃一套客戶關係管理(Customer Relationship Management, CRM)的系統建置,下列何者是最符合成本效益(Cost-Effective)的選項?

(A) 請軟體公司針對需求製作專屬於公司的特殊軟體,並請軟體公司進行定期的系統維護工作

(B) 自行負責所有客戶的回應與需求,讓公司可以將資源用於銷售與商品發展工作

(C) 使用雲端服務軟體來建置 CRM,讓員工可以透過瀏覽器線上存取系統

(D) 建議公司建置伺服器,自行建置 CRM 並定期進行維護與管理

____ 2. 安娜正在評估將公司的 CRM 託管到雲端服務提供者,以下何者是她應該考量的潛在危險因子?

(A) 將 CRM 以雲端服務方式進行管理,會讓原本負責顧客關係的管理人員失去工作

(B) 託管到雲端服務,公司需採購專有的網路設備,將增加公司的成本與負擔

(C) 以雲端服務的方式,將導致更多未經授權的使用者透過網路進行系統的存取

(D) 一旦網路發生不可避免的斷線,將使得員工無法存取 CRM 系統

Chapter 4

電腦軟硬體維護與安全防護

本章節次
- 4.1　系統軟體與記憶體
- 4.2　安全防護技術

4.1 系統軟體與記憶體

4.1.1 軟體的定義

```
軟體 ─┬─ 系統軟體 ─┬─ 作業系統      Windows、Linux、Mac OS、UNIX
      │            ├─ 公用程式      磁碟檢查、修復、清理、重組工具
      │            └─ 翻譯程式      組譯(Assembler)、直譯(Interpreter)、編譯(Compiler)
      └─ 應用軟體 ─┬─ 套裝軟體      大量的、符合多數人需求、較便宜
                   └─ 特殊需求軟體  因應特殊用途、較昂貴
```

▲ 圖 4-1　軟體的分類

　　系統軟體為幫助使用者有效率地管理及使用電腦資源的程式，包括作業系統、公用程式及翻譯程式等等；而一套系統的建置與使用，存在有三種角色：程式設計師（設計系統）、系統管理員（管理系統）、使用者（使用系統）。

　　從公寓大樓的建造與使用來看 Windows 作業系統，程式設計師就像是建造大樓的工程師，系統管理員則是大樓完工後的門戶管理員，使用者就是大樓的住戶們；使用 Windows，就像是住在一個小型公寓中，管理員通常是由使用者（住戶）來擔任。

　　軟體安裝到硬體時，就如堆疊積木，要根據電腦（硬體）的特性，安裝適用的作業系統；再根據作業系統的特性，安裝適用的應用軟體，如以下架構所示：

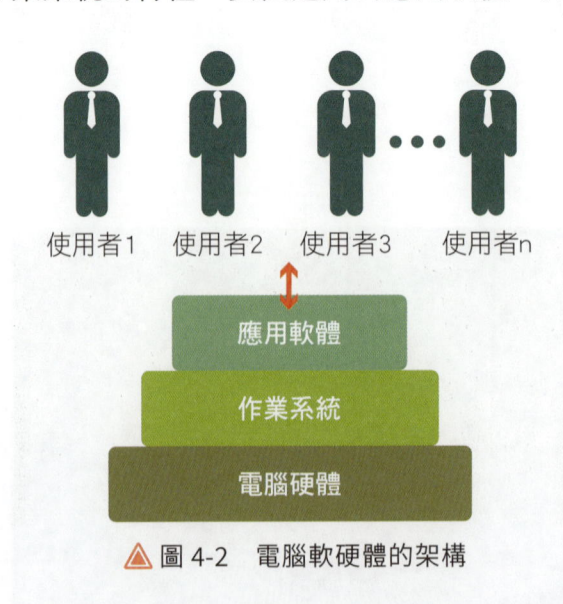

使用者1　使用者2　使用者3　使用者n

應用軟體
作業系統
電腦硬體

▲ 圖 4-2　電腦軟硬體的架構

1 作業系統

作業系統為使用者（人）和電腦（硬體）之間溝通的橋梁，其功能為檔案管理、工作管理、周邊設備管理以及記憶體管理；目前的主流有 Windows、Linux 及 Mac OS。

▽ 表 4-1　作業系統的種類

個人電腦 OS	發行公司	手持式設備 OS	管理員帳號
Windows	Microsoft	Windows 8（含）以上	administrator
Linux	開源社群	Android	root
macOS	Apple	iOS	root
Chrome OS	Google	Android/Chrome OS Flex	Google 帳號

2 公用程式

是作業系統所內含的工具程式，提供給使用者作為管理軟硬體的程式。

工具程式包括以下幾項：

▶ 磁碟重組工具（disk defragmenter）

是來幫助使用者管理磁碟，將磁碟零散破碎的空磁區重組成連續的可用空間，透過重組工具，磁碟讀寫效率將會增快，可使用空間也會增大。然而，現代硬碟多為固態硬碟（SSD），其設計不需要進行磁碟重組，且過度使用磁碟重組可能縮短 SSD 壽命。Windows 指令為「defrag」。

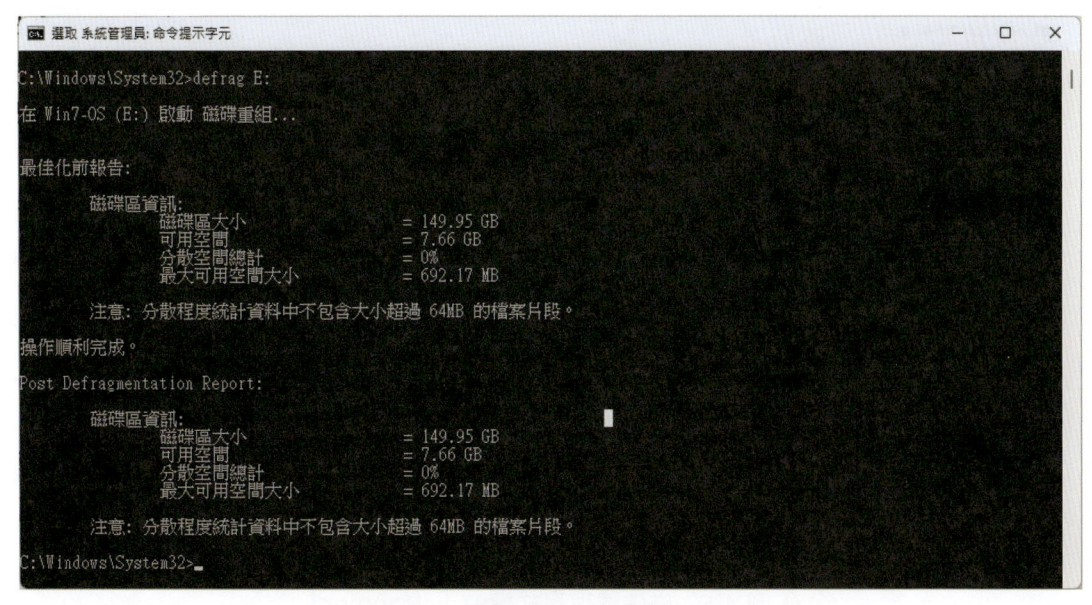

▲ 圖 4-3　磁碟重組指令「defrag」

▶ 系統檢查與修復

修復因系統檔案損壞而導致的 Windows 啟動問題或功能異常。Windows 指令為「sfc/scannow」。

▲ 圖 4-4　系統檢查與修復「sfc/scannow」

▶ 磁碟清理

清理資源回收桶及 Windows 暫存資料。

Windows 指令為「cleanmgr」。

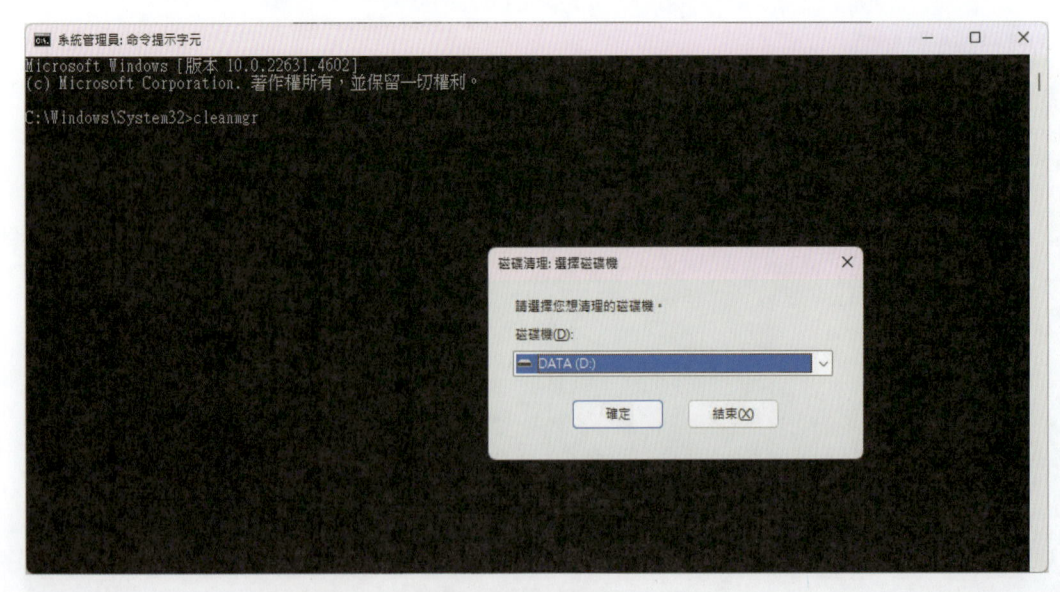

▲ 圖 4-5　磁碟清理程式指令「cleanmgr」

▶ 系統還原備份工具

可用來定期備份 Windows 系統,並在系統發生問題時進行還原工作。

▶ 裝置管理員

檢查目前的 I/O 裝置、排除硬體衝突問題、更改硬體的配置設定。

若裝置名稱前方出現黃色問號,代表未安裝正確的驅動程式;若出現紅色交叉符號,代表硬體被停用或安裝失敗。

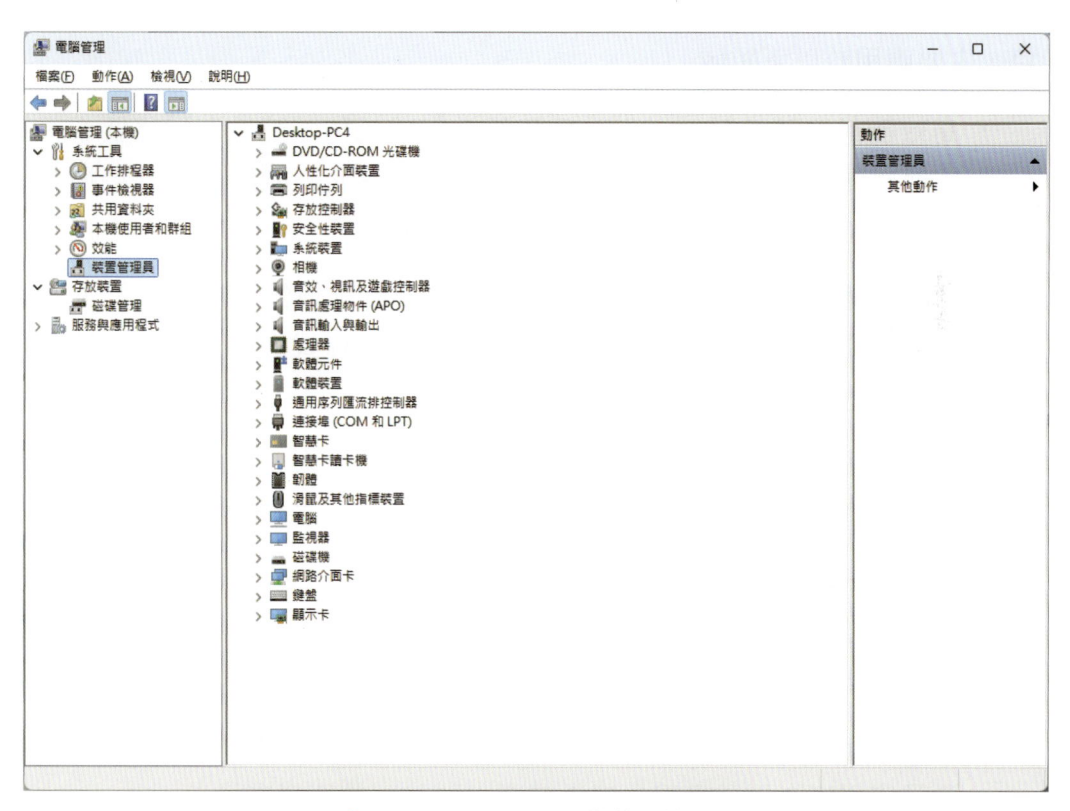

▲ 圖 4-6　Windows 的裝置管理員

3 翻譯程式

翻譯程式是將原始程式翻譯成機器語言的程式。

系統軟體內部共有三種翻譯程式,分別是組譯器、直譯器與編譯器;其中組譯器用於低階語言的翻譯,直譯器與編譯器則用於高階語言的翻譯。

▶ 組合語言（Assembly Language）

　　由於機器語言指令難以記憶，因此將機器語言轉化為容易閱讀的指令，以幫助程式設計人員撰寫程式，此稱為組合語言，又稱為助憶碼（mnemonics），這是一種接近機器語言的低階語言；組合語言可即時控制電腦硬體，因此常用於編寫驅動程式、韌體及通訊協定上。組合語言需透過組譯器來轉為機器語言。

　　此外，在嵌入式系統（如物聯網 IoT 裝置）中，組合語言也扮演著關鍵角色，主要應用於以下領域。

- **高效能與即時控制**：嵌入式系統通常對效能和即時性有嚴格要求，例如處理感測器數據或執行即時任務。組合語言允許開發人員直接操作硬體資源（如暫存器與中斷），以達到精準的控制。

- **資源受限環境**：許多 IoT 裝置硬體資源（如記憶體與處理器能力）非常有限，使用組合語言能夠撰寫出高度優化的程式碼，減少記憶體占用和功耗，適合這類環境。

- **設備驅動程式的開發**：組合語言常用於開發嵌入式系統的設備驅動程式（如感測器、馬達控制器等），確保硬體和軟體之間的無縫溝通。

- **啟動程式與韌體**：IoT 裝置的啟動程式（Bootloader）與韌體（Firmware）通常需要用組合語言撰寫，以實現快速啟動、初始化硬體和載入作業系統的功能。

- **通訊協定的實現**：在 IoT 裝置中，低階通訊協定（如 SPI、I2C、UART）通常使用組合語言實現，提供裝置之間的高效資料交換。

　　組合語言因其直接操作硬體的能力，成為嵌入式系統開發中的重要工具，特別是在需要高效能、低功耗與即時性的應用場景中，發揮了無可取代的價值。

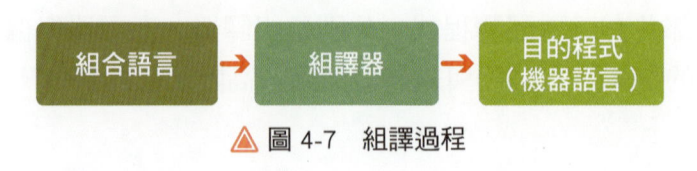

組合語言 → 組譯器 → 目的程式（機器語言）

▲ 圖 4-7　組譯過程

▶ 直譯語言（Interpreted Language）

執行時將第一行原始程式翻譯成機器語言後就開始執行，之後再翻譯下一行並執行，如此循環至所有程式執行完畢；屬高階程式語言的一種，需經由直譯器一行一行翻譯成機器語言後才能執行。

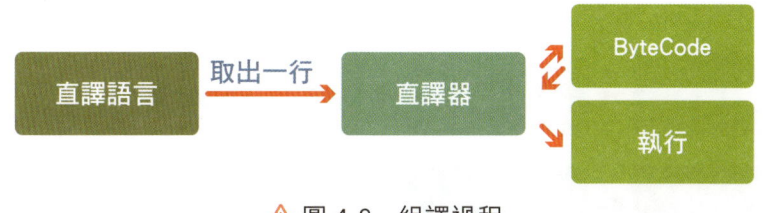

▲ 圖 4-8　組譯過程

現代的直譯語言如 Python 就是典型的例子。Python 使用直譯器來即時翻譯程式碼並執行，這使得其適用於快速開發和測試，尤其是在資料分析、Web 開發、自動化腳本程式、機器學習與人工智慧有廣泛應用。

◆ Python 的直譯應用案例

1. 資料分析與科學運算

開發者可以即時執行 Python 程式，逐行測試並調整運算邏輯。以下是一個簡單的範例：

```
data = [1, 2, 3, 4, 5]
mean = sum(data) / len(data)
print(" 平均值 :", mean)
```

在執行此程式時，Python 的直譯器會逐行翻譯程式碼並計算結果，輸出平均值。

2. 自動化腳本與工具

Python 可用於快速開發自動化腳本，透過直譯執行時方便排查錯誤。例如：

```
import os
files = os.listdir(".")
for file in files:
    print(file)
```

此腳本即時執行後，會列出當前目錄中的所有檔案，開發者可立即查看結果並進行調整。

▶ 編譯語言（Compiler Language）

將原始程式全部翻譯成電腦可執行的檔案後，才可執行的語言；屬高階程式語言的一種，需經由編譯器翻譯成目的程式（Object Program），再經由連結（Link）形成可執行檔，並藉由載入（Load）程式將其置放在主記憶體中執行。

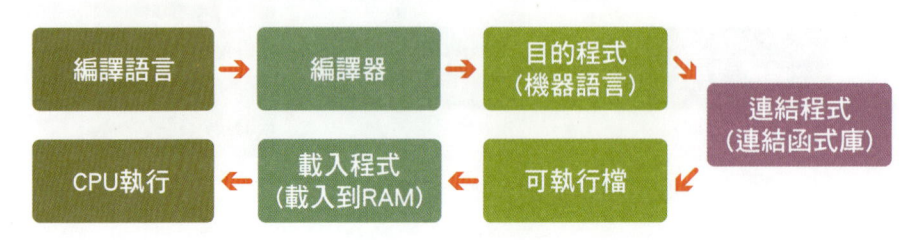

▲ 圖 4-9　編譯過程（編譯→連結→載入→執行）

現代的編譯語言如 Go（Golang）就是典型的例子。Go 是一種靜態型別的編譯語言，由 Google 開發，用於構建高效能、高併發的應用程式。

◆ Go 的編譯應用案例

Go 被廣泛應用於構建高效能的 Web 服務和後端系統，特別適合處理大規模請求量。以下是一個簡單的 Web 伺服器範例：

```go
package main

import (
    "fmt"
    "net/http"
)

func handler(w http.ResponseWriter, r *http.Request) {
    fmt.Fprintln(w, "Hello, World!")
}

func main() {
    http.HandleFunc("/", handler)
    http.ListenAndServe(":8080", nil)
}
```

這段程式碼需要通過編譯器轉換為執行檔（如 main），再執行服務。Go 的快速編譯特性讓此過程更高效。

4.1.2 CPU 與記憶體存取

1 PIO 模式

可程控輸入／輸出模式（Programmed Input / Output），當軟體程式需要存取 I/O 設備位址時，需透過 CPU 進行處理內儲記憶體與 I/O 設備之間的資料交換，而 CPU 並等待 I/O 設備執行完畢才能繼續下個程式，因此需耗費大量的 CPU 資源，已被 DMA 模式取代。

2 DMA 模式

記憶體直接存取（Direct Memory Access, DMA），分為 Single-Word DMA 與 Multi-Word DMA 兩種，Multi-Word DMA 的速度為 Single-Word DMA 的兩倍，最高傳輸速率為 16.66 MB/s；DMA 模式不需過分依賴 CPU 資源，可以讓外部記憶體與內部記憶體直接進行資料的搬移。

3 NVMe（Non-Volatile Memory Express）

NVMe 是一種專為 SSD（固態硬碟）設計的高性能存儲協議，利用 PCIe（Peripheral Component Interconnect Express）介面進行數據傳輸，具備極高的速度與效率。

4 IRQ

中斷要求（Interrupt Request, IRQ），是指多項 I/O 設備需要請求 CPU 進行執行工作，此時設備會向 CPU 發出 IRQ 以獲得 CPU 的執行權限。

5 虛擬機器

虛擬機器（Virtual Machine）是以軟體的方式來模擬出電腦硬體，並讓使用者可在這個虛擬的硬體上安裝作業系統。使用者可設定虛擬硬體所使用的 CPU 時脈頻率、DRAM 大小、硬碟容量等等，就如同真的採購了一部電腦硬體主機。雖然效能無法比擬真實的機器，但使用虛擬機器擁有以下兩項優點。

1. **多作業系統並行運行**：可讓使用者在 Windows 系統的電腦中操控 Linux 系統，令兩套以上不同的作業系統能進行互相測試與資料傳輸，實體主機也可以和虛擬主機互相溝通。
2. **測試與開發環境隔離**：讓新的測試系統與舊的穩定系統同時並行在同一部電腦中，除了令企業活動保持正常運作之外，亦可測試新的系統。

◆雲端虛擬機器案例

隨著雲端技術的發展，虛擬機器不僅僅局限於本地端設備，雲端平台如 Microsoft Azure 和 AWS EC2 提供了更靈活的虛擬機器服務。

• **Microsoft Azure Virtual Machines**

允許使用者在 Azure 平台上快速部署虛擬機器，支援 Windows 和 Linux 作業系統。提供彈性的計算資源配置（CPU、記憶體、硬碟）以滿足不同的工作負載需求。

使用場景：(1) 部署企業應用程式。
　　　　　(2) 測試和開發多平台系統。
　　　　　(3) 處理高效能計算任務（如機器學習訓練）。

• **AWS EC2（Elastic Compute Cloud）**

AWS 提供按需的虛擬機器服務，支援多種作業系統和配置選項。可與其他 AWS 服務（如 S3、RDS）無縫集成，構建完整的雲端架構。

使用場景：(1) 動態擴展伺服器資源以應對流量高峰。
　　　　　(2) 運行需要高效能的應用，如大數據分析和即時資料處理。

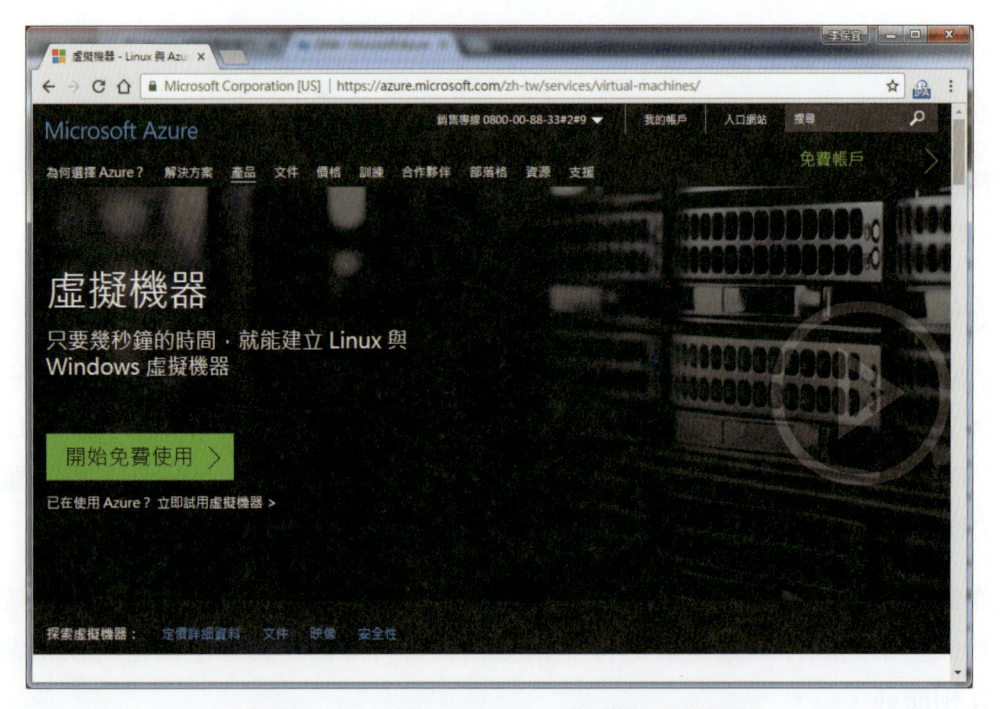

▲ 圖 4-10　Microsoft Azure 的雲端虛擬機器

6 容器技術

隨著虛擬化技術的演進，容器技術成為替代虛擬機器的一種輕量級解決方案，適用於更快速和靈活的應用部署，常見的容器技術有 Docker、Kubernetes。

▶ Docker

Docker 是一種容器化技術，允許開發者將應用程式與其所有依賴打包成一個獨立的容器，能在任何支持 Docker 的環境中執行。

優點：(1) 啟動速度快（通常幾秒內啟動容器）。
　　　(2) 資源利用率高，因容器共享宿主機核心。

使用場景：(1) 部署微服務架構。
　　　　　(2) 在開發和生產環境中保持一致性。

▶ Kubernetes

Kubernetes 是一種容器編排工具，用於自動化容器的部署、擴展和管理。

優點：(1) 提供高可用性，支持自動故障恢復。
　　　(2) 支援多節點集群，能夠動態調整容器數量以應對負載變化。

使用場景：(1) 管理大型分散式應用程式。
　　　　　(2) 在雲端上運行容器化的多租戶系統。

▼ 表 4-2　虛擬機器與容器的比較

特性	虛擬機器	容器
啟動時間	幾分鐘	幾秒鐘
資源消耗	需要模擬完整硬體環境	共享宿主的主機核心、輕量級
隔離性	高（虛擬化硬體層面）	中（虛擬化應用層面）
適用場景	執行不同作業系統或應用程式	快速部署與彈性擴展

4.1 MCT 模擬試題

_____ 1. 當日積月累地不斷儲存及刪除資料後，SATA 磁碟中就會產生很多空白區段，不但浪費磁碟空間，也會增加尋找儲存空間的時間。為了解決這個問題，可以使用作業系統中的什麼功能？
(A) 磁碟合併　(B) 磁碟清理　(C) 磁碟分析　(D) 磁碟重組

_____ 2. 對於電腦進行系統維護工作，什麼做法可以增進硬碟的讀取效率？
(A) 使用 Fdisk C: 指令來重組硬碟
(B) 使用 defrag C: 指令來重組硬碟
(C) 改用 SATA 硬碟來取代 IDE 硬碟
(D) 改用 SCSI 硬碟來取代 SATA 硬碟

_____ 3. 卡爾的 Windows 電腦在存取檔案時，發生了磁碟讀取錯誤，他應該先進行什麼檢查？
(A) fsck 指令　(B) chkdsk 指令　(C) defrag 指令　(D) disk defragmenter

_____ 4. 哈利經常使用電腦下載並保存工作上的檔案，他發現最近 Windows 啟動完畢後總會跳出錯誤訊息，他可以使用什麼公用程式進行修復？
(A) disk defragmenter sfc / scannow 程式
(B) chkdsk 指令
(C) disk cleanup 程式
(D) fsck 指令

_____ 5. Windows 的裝置管理員，無法進行下列哪一項工作？
(A) 檢查目前的 I/O 裝置　　　　(B) 排除硬體衝突問題
(C) 更改硬體的配置設定　　　　(D) 進行磁碟的重組

_____ 6. 可程控輸入輸出（Programmed Input / Output, PIO）與直接記憶體存取（Directed Memory Access, DMA）的主要差異為何？
(A) DMA 是透過 CPU 直接存取記憶體，而 PIO 不用
(B) PIO 透過 CPU 來存取記憶體，而 DMA 不用
(C) DMA 只用於記憶體存取，PIO 只用於控制磁碟
(D) DMA 會增加 CPU 的負擔，而 PIO 不會

____ 7. 小強發現他新買的手機在拍攝影片或照片時，會有很嚴重的延遲情況，即便他使用的是標準模式來拍照，也無法快速地捕捉影像，但是儲存在 SD 記憶卡內的影像還是能夠正常的播放。
請問他應該如何解決這個問題？
(A) 對於手機的 SD 記憶卡使用磁碟破碎重組程式進行維護，以提升記憶卡的讀寫效率
(B) 升級手機韌體為最新的版本
(C) 更換讀寫速率較好的記憶卡
(D) 改用其他的拍照專用 APP 進行影像的拍攝

____ 8. 同時間有多項 I/O 設備向 CPU 請求執行工作，這些設備會向 CPU 發出什麼訊號？
(A) 輸入輸出要求（Input/Output Request, IOR）
(B) 直接記憶體存取（Direct Memory Access, DMA）
(C) 可程控輸入輸出（Programmed Input/Output, PIO）
(D) 中斷要求（Interrupt Request, IRQ）

____ 9. 當 I/O 設備欲傳達訊息給 CPU 時，將會使用什麼訊號？
(A) 直接記憶體存取（Direct Memory Access, DMA）
(B) 輸入輸出要求（Input/Output Request, IOR）
(C) 中斷要求（Interrupt Request, IRQ）
(D) 可程控輸入輸出（Programmed Input/Output, PIO）

____ 10. 約翰是一名網頁前端工程師，他在設計好網頁樣本之後，在瀏覽器進行預覽，結果看到網頁頁面都是舊畫面，他應該先做什麼處理？
(A) 電腦重開機
(B) 持續重開瀏覽器，直到畫面更新
(C) 升級瀏覽器版本
(D) 刪除瀏覽器的暫存資料

4.1 MCT 模擬試題

____ 11. 凱莉作為一個電腦教室的管理工程師,學生反應網頁執行時常發生空間不足的錯誤訊息,她認為可能是瀏覽器存有大量的暫存檔案,她應該先進行什麼處理?
 (A) 磁碟修復　(B) 磁碟重整　(C) 格式化磁碟　(D) 磁碟清理

____ 12. 喬治的筆記型電腦從買來到現在已經一年多了,從沒有進行過暫存檔案的刪除,他應該如何來解決這個問題?
 (A) 使用磁碟檢查程式
 (B) 將檔案備份之後,進行磁碟格式化
 (C) 使用磁碟清理程式
 (D) 使用磁碟重組程式

____ 13. 小傑最近遺失了他的筆記型電腦,幸好他不定期就會進行檔案的遠端備份,他想要將資料回復到他的個人電腦上面,應該怎麼做才好?
 (A) System Restore　　　　　　(B) System Format
 (C) Backup and Restore　　　　(D) System Recovery

____ 14. 若要在 Windows 系統的電腦進行備份及還原作業,應該如何進行?
 (A) 啟用磁碟修復工具
 (B) 使用系統工具中的系統回復程式
 (C) 使用 Windows 中的壓縮及解壓縮還原程式
 (D) 使用公用程式的備份與還原程式

____ 15. 克羅想要將他的 Windows Server 以虛擬機器(Virtual Machine, VM)進行運作,為了順利運行,下列何者是他必須先增加的元件?
 (A) CPU 時脈頻率　(B) GPU 執行速度　(C) DRAM 容量　(D) 硬碟空間

____ 16. 將系統或軟體進行虛擬機器的運行,能夠幫助管理者有效率地同時管理多個系統,並設定災後復原計畫。
 關於虛擬機器的敘述,何者正確?
 (A) 虛擬機器只能在同一個電腦中,執行許多個相同作業系統
 (B) 虛擬化機器是透過多個電腦去管理一個作業系統
 (C) 在同一個電腦中,可以讓多個不相同的作業系統同時運行
 (D) 在 Windows 系統的電腦中,無法讓虛擬機器去執行 Linux 系統

____ 17. 在進行虛擬機器運行之前，下列哪一項並非一定要做的設定？
(A) CPU 的時脈頻率
(B) DRAM 的容量大小
(C) GPU 的執行速度
(D) 作業系統所占的硬碟空間

____ 18. 下列何者不是作業系統的主要功能？
(A) 提供使用者操作介面
(B) 提供程式執行的環境
(C) 提供視訊剪輯平台
(D) 管理及分配電腦系統的軟硬體資源

____ 19. 下列有關個人電腦作業系統的敘述，何者錯誤？
(A) 應用軟體必須在作業系統載入後才能執行
(B) Microsoft Windows 作業系統通常是儲存於唯讀記憶體（ROM）內
(C) 管理記憶體資源是作業系統的功能之一
(D) 作業系統通常會提供方便操作的使用者介面

____ 20. 下列有關作業系統「捷徑」的敘述，何者不正確？
(A) 讓使用者快速開啟指定的檔案、資料夾或程式
(B) 它是一個路徑指標
(C) 為方便操作，可依需求在不同位置建立多個捷徑
(D) 刪除捷徑的同時，也會刪除該捷徑的實體程式或檔案

4.2 安全防護技術

4.2.1 IPS 與 IDS

1 IPS

入侵防禦系統（Intrusion Prevention System, IPS），用來監控系統是否存在病毒或是疑似的惡意活動，並可進一步阻絕入侵行為；其作為防毒軟體及防火牆的補強設備，一旦發生合乎規則的入侵行為，除了透過訊息、電子郵件或推播來通知管理者之外，亦會自動進行阻絕或轉移網路封包。

現代的 IPS 已不再僅僅是獨立的設備，下一代防火牆（Next-Generation Firewall, NGFW）將 IPS 功能進行整合，提供更全面的安全保護。

▶ NGFW 的優勢
- 集成傳統防火牆功能、IPS、URL 過濾及應用層檢測。
- 提供更深入的流量分析和威脅防護，適應現代複雜的網路環境。

▶ 實例

現代 NGFW 廠商如 Palo Alto Networks 和 Fortinet，已將 IPS 功能嵌入防火牆中，使管理更便捷且更有效。

2 IDS

入侵偵測系統（Intrusion Detection System, IDS），其為一種應用軟體或是網路設備，當發現可疑傳輸或是入侵行為時，會自動進行警告並通知管理者；相較於 IPS 可主動進行防禦，IDS 則是被動地偵測入侵行為並發出通知。

隨著人工智慧（AI）和機器學習技術的進步，IDS 的功能也得到了極大的提升。

▶ AI 在 IDS 中的應用
- 異常檢測：透過機器學習模型分析正常的網路流量模式，自動識別異常行為。
- 威脅預測：AI 能基於歷史數據和威脅模式，預測潛在的攻擊行為。
- 自動化響應：AI 驅動的 IDS 可與 IPS 結合，自動進行響應與防禦，縮短處理時間。

▶ 實例

使用 AI 技術的入侵檢測平台（如 Darktrace 和 Cisco Secure）可以即時分析並應對潛在威脅。

4.2.2 CDP 與災後復原計畫

1 CDP

連續資料保護方式（Continuous Data Protection, CDP）是以作業系統的 I/O 活動作為啟動機制，當使用者有進行任何磁碟機操作時，便進行記錄當時的狀態，因此可完整保存系統存取的歷程紀錄，提供使用者可以有彈性地回到任一個狀態點進行還原；由於 CDP 可以提供完整並且連續的還原狀態，對於管理人員來說，不需再考慮備份排程的時間點，可以減少在備份排程上的安排作業。

儲存網路工業協會（Storage Networking Industry Association, SNIA）對於連續性資料保護的定義為「每一次檔案的更動，都能進行備份並且獨立於原始資料之外，並可讓資料回復到過去任意的存取狀態」。

傳統的資料備份是屬於「靜態」的儲存當下系統狀態，在備份的那個時間點，所有的 I/O 活動需要靜止下來，而該次備份與下一次的備份活動可能相隔幾天或幾週以上，並非是連續狀態的儲存；而 CDP 的儲存屬於是「動態」的儲存每一次 I/O 活動，它並非以時間作為啟動機制，而是記錄每一次資料的變動狀態，當資料一發生變動，CDP 將立即進行複製，因此無「備份時點」的問題。

CDP 主要是透過影像快照技術（Snapshots），當檔案發生變化、主記憶體被寫入資料、應用程式進行磁碟資料的修改時，便進行磁碟快照並作異地備份。企業若選擇以雲端服務做為資料存取的主要方式，亦可透過雲端 CDP 的方式進行虛擬主機與資料備份作業，一旦公司內部發生重大資安意外，資料仍可透過雲端進行回復，將資安災害降到最低。

▶ 雲端 CDP

- **AWS Backup**

    為 Amazon 提供的一站式備份解決方案，支援自動化備份、快照及跨區域備份功能。它利用快照技術對 Amazon EC2、RDS、EFS 等資源進行備份，並支援設定備份排程與保留策略，確保資料在意外發生時可以快速復原。

- **Google Cloud Backup**

    Google 提供的備份與還原服務（Backup and DR）支援雲端和混合環境的資料保護。它的功能包括定期快照、資料複製到多個地區，以及快速的系統還原，特別適合用於需要高可用性與安全性的企業。

2 災後復原計畫

災後復原計畫（Disaster Recovery Planning, DRP），是用以因應無法避免的天災所導致的毀損，並在災後迅速回復原始狀態的計畫。

DRP 的目的有以下幾點：

第一、避免企業業務活動中斷，確保業務活動過程不受重大災難的影響。

第二、透過預防及復原方式，降低災害造成的影響，使得損失較小。

第三、進行災難分析及安全評估，建立災難發生前後的應變策略與方法。

而 DSP 主要有三個部分：

▶ 災前的預防

預防永遠重於復原，平時需要做好以下工作：

(1) 災後復原團隊訓練：定期進行模擬災害演練，確保團隊熟悉復原流程。

(2) 異地備援與多雲策略：建立良好的異地備援系統，並充分利用跨雲端數據複製（Cloud Replication），確保資料在多雲環境中持續備份與同步，防止單一雲服務故障影響業務運行。

(3) 雲端服務商選擇：選擇有良好災害復原能力的雲端服務商，並根據需求設置備援資源，例如多區域存儲和熱備份策略。

▶ 災害時救援

在災害發生時，應確保以下措施得以執行：

(1) 確保所有重要數據已透過異地備援或多雲環境轉移至安全位置，避免因單一地區災害而喪失資料。

(2) 即時啟動災害應變計畫，透過多雲環境確保業務關鍵資源能迅速啟用，將業務中斷影響降到最低。

(3) 利用雲端儲存的快照與即時複製技術，加速應用系統的切換與啟用。

▶ 災後的復原

災害過後的目標是迅速恢復到正常運作狀態，以下措施尤為重要：

(1) 系統快速恢復：利用異地備援的系統，迅速還原業務資料與運作環境。

(2) 持續運作：多雲環境架構允許組織在不同地點快速切換至備援系統，確保業務不中斷。

(3) 服務水準協議（SLA）：確保所使用的雲端服務商能履行其 SLA 承諾，包括數據完整性和即時存取能力，為企業提供穩定可靠的技術支撐。

4.2.3 BYOD

員工自帶設備（Bring Your Own Device, BYOD），顧名思義就是允許員工可以使用自己的設備以存取企業系統，以執行企業目標與活動。目前手持式設備在 CPU 執行效率、顯示能力、網路速度已相當快速而且成熟，員工透過手持式設備更可快速回覆客戶需求，更彈性地從事行動商務活動，提升工作的便利性之外，亦能提升員工的士氣。

雖然 BYOD 能夠提升效率，但行動設備連接企業內部系統可能帶來相對的資安危害，再加上企業內部產品的商業機密容易透過員工自帶設備而外流，因此許多企業在 BYOD 的實施上仍然相當保守。一般而言，實施 BYOD 時會搭配以下措施來保護企業內部機密的資訊安全：

1. 使用自帶設備之前，員工需先簽署使用條款（Terms Of Service, TOS）以保證不外洩公司資訊，並謹守相關的安全使用規範。

2. 安裝個人數位憑證以進行使用身分的確認，或是透過 VPN（Virtual Personal Network）虛擬私有網路連線企業的內部系統，使得資料的傳輸及接收都能以加密的方式進行。

3. 手機安裝保護企業內部資訊安全的 APP，使得手機某些功能無法使用；例如國防部目前允許軍人可以自帶手機進入營區，但需安裝國防部自行開發的 APP 軟體，以確保在營區內不得拍照、攝影、打卡或分享熱點，以避免外洩國軍機密的可能。

4. 當員工自帶設備遺失時，企業遠端連線主機得以取得設備的 GPS 位置，甚至為了防止手機資訊遭盜用，亦可遠端控制手機關機或是進而消除手機內部資訊。

5. 將可供外部存取的公用資訊建置於雲端系統，員工透過自帶設備僅能連到公用的雲端系統存取資訊，而非直接連入公司內部系統。

為了應對 BYOD 帶來的潛在資安風險，企業通常會採用行動裝置管理（Mobile Device Management, MDM）來保障資料安全與設備管理。以下是常見的 MDM 工具應用：

▶ Microsoft Intune

一種基於雲端的端點管理工具，允許 IT 部門管理並保護員工自帶設備。Intune 提供以下功能：

1. **設備合規性檢查**：確保員工的設備符合企業安全策略，例如加密、密碼保護等。
2. **應用程式管理**：可遠端部署應用程式並控制企業應用的使用，避免資料洩漏。
3. **條件式存取**：根據設備的安全性狀態，限制對企業資源的存取。

▶ VMware Workspace ONE

MDM 和應用程式管理功能，是一種整合式的數位工作空間平台。其功能包括：

1. **多平台支援**：支援 iOS、Android、Windows 等多種設備。
2. **資料分離**：將個人資料與企業資料隔離，確保企業資訊不會洩漏到個人應用中。
3. **零信任安全模型**：確保即使是在 BYOD 設備上，企業資料也受到層層保護。

透過這些 MDM 解決方案，企業不僅能享受 BYOD 帶來的彈性與生產力提升，還能有效降低資安風險，達到兼顧便利性與安全性的目標。

4.2 MCT 模擬試題

____ 1. 企業假如實施自帶設備（Bring Your Own Device）來上班，最有可能的隱憂為何？
(A) 訓練員工使用行動設備的人事成本將提升
(B) 公司資訊系統需更改為讓行動裝置可以存取
(C) 一旦設備遺失或遭竊，手機內關於公司的資料將會外洩
(D) 員工傾向使用自己的設備，可能降低工作效率

____ 2. 高達是一位資訊學院的講師，他欲使用電腦教室進行課程的考試，不巧因為時間衝突而無法使用電腦教室，所以他請學生自帶設備來學校進行考試，這樣的做法可能會發生什麼樣的資安問題？
(A) 老師無法透過網路分享自己的檔案到學生的設備
(B) 學生的設備可能遭受惡意軟體的侵害
(C) 學生的設備不能分享檔案
(D) 學生的設備可能發送不安全的檔案到系統主機上

____ 3. 身為公司資訊安全主管的你，想要推動自帶設備（BYOD）的方式來增加員工的辦公效率，下列哪一項做法並無法減少執行 BYOD 時可能造成的安全風險，以支持你的想法？
(A) 最終用戶授權協定（EULA）
(B) 使用條款（TOS）
(C) 以 VPN 來派送虛擬桌面
(D) 僅允許設備連線至公司的雲端服務系統

____ 4. 琳達是一間小型公司的老闆，她決定實施讓員工自帶設備進行辦公，以減少公司設備的採購成本，在實施之前，她如何解決自帶設備可能造成的資安漏洞問題？
(A) 讓員工簽訂使用條款，讓自帶設備保持在最新的系統狀態
(B) 建立一份員工可接受的特定條款，來確保自帶設備能符合公司的安全規定
(C) 公司系統及應用軟體保持在最新的更新狀態
(D) 要求員工使用公司配合的行動電話業者，確保資訊安全的一致性原則

____ 5. 下列哪一項屬於是 BYOD（Bring Your Own Device）政策？
(A) 設備的遺失與賠償　　　　　(B) 設備使用的控制範圍
(C) 損壞維修的保險　　　　　　(D) 設備的更新與維護

4.2 MCT 模擬試題

_____ 6. 某一銀行正在考慮將其公司資料交由「數據中心」雲端公司進行托管,由於銀行管理團隊擔心資料會有外洩的問題,下列哪一項是銀行可向「數據中心」進行的要求事項?
(A) 要求「數據中心」額外建置入侵防護系統(IPS)以防止駭客入侵
(B) 要求「數據中心」對於工作人員進行背景調查
(C) 銀行的管理團隊可進駐「數據中心」管理屬於該銀行的資料
(D) 要求「數據中心」額外加裝虛擬主機監控程式

_____ 7. 災害復原計畫(Disaster Recovery Planning)對於資訊安全防護是不可或缺的方式,對於以雲端服務為主的公司來說,下列哪一項做法應加入在災害復原計畫之中?
(A) 與雲端服務公司簽訂服務水準協議　(B) 要求定期更新防毒軟體
(C) 安裝較高等級的防火牆設備　　　　(D) 額外添購設備以進行系統備份

_____ 8. 以雲端服務為主的公司,在管理資料上應採用哪個做法來確保資料的復原?
(A) 建立備份資料,並託管於多個雲端服務業者
(B) 建立備份資料,並與雲端服務業者簽訂特定契約
(C) 自行備份資料,以確保災後可進行復原
(D) 將資料分散於多個雲端服務業者

_____ 9. 某一公司平時廣泛地使用雲端服務做為資料的存取方式,其為了避免因為嚴重當機而造成損毀的資料,決定採用連續資料保護方式(Continuous Data Protection, CDP)來備份資料,下列哪一種方案最適合該公司進行採用?
(A) 使用本地端備份　　　　　　　　(B) 只採用雲端的虛擬主機方式
(C) 將資料以分散式網路進行處理　　(D) 將資料託管給網際網路提供者

_____ 10. K公司自行開發資料庫管理系統,並計畫將資料託管於雲端的應用服務上,在開始使用雲端服務之前,K公司應採取什麼方式來確保其連續資料保護不被中斷?
(A) 只採用雲端服務方式
(B) 將資料託管給雲端服務供應商
(C) 使用本地端備份
(D) 暫不做備份處理,待託管到雲端之後再做設定

Chapter 5

加密技術與網路攻擊

本章節次
- 5.1 加密技術
- 5.2 病毒與駭客攻擊

5.1 加密技術

5.1.1 TLS（Transport Layer Security）

1 TLS 定義

　　SSL 最初是由網景公司（Netscape）於 1994 年提出透過 Https（Http Over SSL）協定，而 TLS 是基於 SSL（Secure Socket Layer）的改進版本，由 IETF（Internet Engineering Task Force）於 1999 年首次發布，以取代 SSL 3.0 並進一步加強安全性。TLS 使用 HTTPS（HTTP Over TLS）協議，結合公鑰加密法及私鑰加密法的方式，提供更高的資料加密、完整性和認證功能，適用於 HTTP、FTP 和 SMTP 等網路應用層協議。

　　主要是作為保證傳送網路資料之安全性，TLS 採用使用者（Client）與伺服器（Server）所生成的「對話密鑰」，以確保使用者傳送個人資料給商家伺服器時，可以做到資訊的完整性及機密性。因為使用者傳送的訊息如果中途被駭客進行攔截，由於駭客並未擁有對話密鑰，因此無法對於其攔截的訊息進行解密。

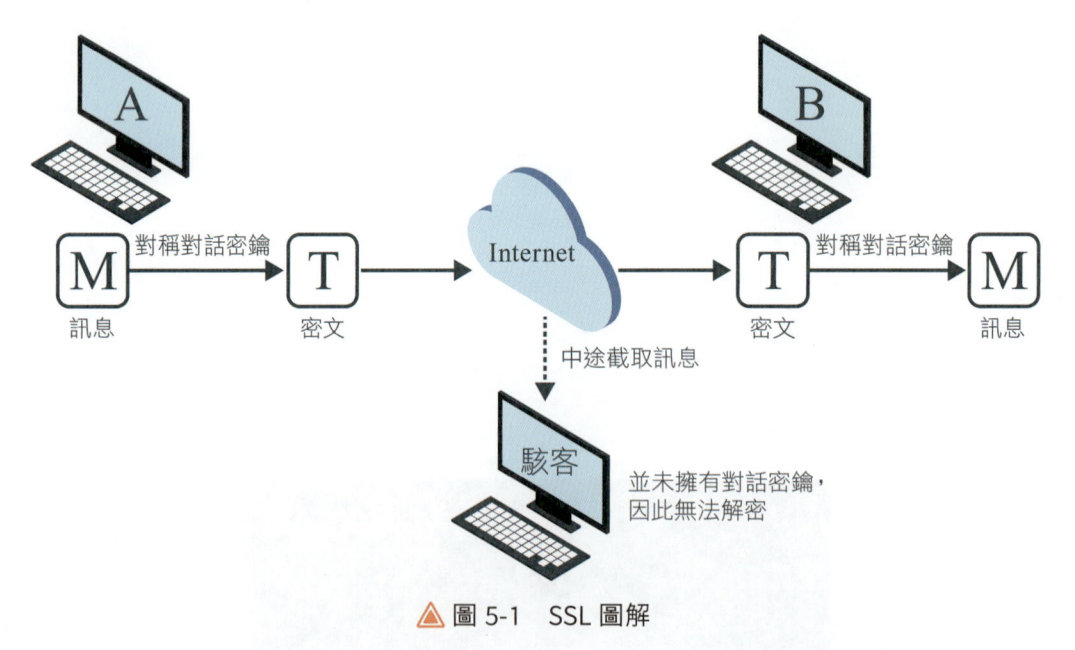

▲ 圖 5-1　SSL 圖解

2 TLS 實例

　　現今的瀏覽器已普遍支援與 TLS（Transport Layer Security）進行結合，通常用於使用者的「認證登入畫面」。透過 HTTPS 協定，使得用戶可以透過 TLS 安全協定，放心地

輸入自己的帳號及密碼，而不必擔心被攔截。使用 HTTPS 協定的網頁，通常會在網址列中顯示一個上鎖的圖示（例如灰色或綠色鎖頭）作為標示，使用者可以點擊該鎖頭以檢視 TLS 憑證的發行狀態與細節。

　　TLS 憑證通常由數位憑證發行商（CA, Certificate Authority，公正的第三方）進行發行與簽署。例如，在下圖所示的 Yahoo 登入畫面（https://login.yahoo.com）中，TLS 憑證是由 DigiCert SHA2 High Assurance Server CA 所發行。點擊 Chrome 瀏覽器的加密圖示，選擇「已建立安全連線」，可以查看該憑證的詳細屬性，例如使用的簽章演算法為「SHA-256」（使用 RSA 加密）。值得注意的是，現代的安全協定採用了「HTTPS」而非傳統的「HTTP」，並且透過更強大的加密算法提供更高的安全性。

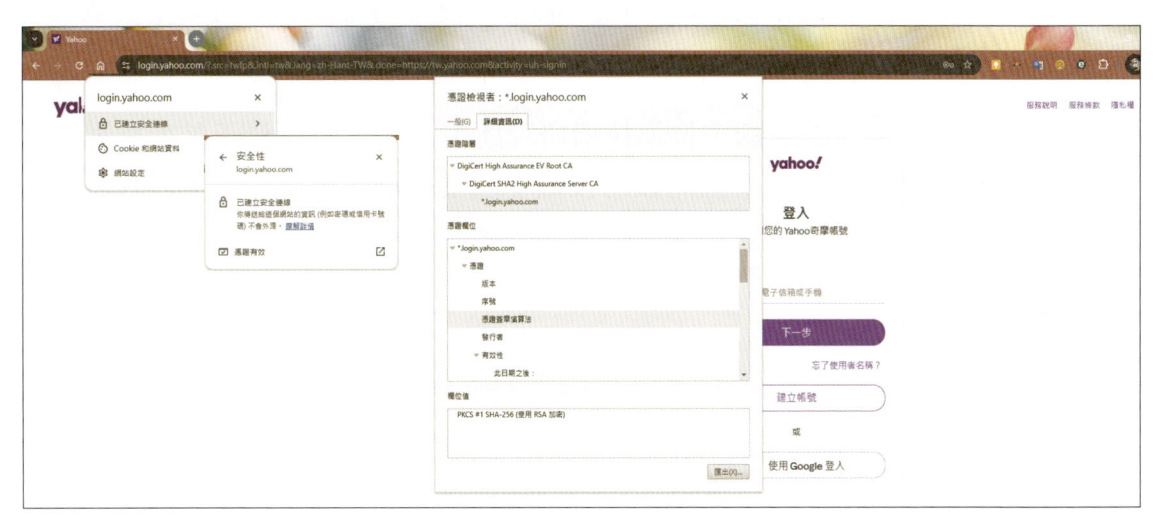

▲ 圖 5-2　TLS 實例

3 RSA 演算法

　　RSA 演算法為一種公鑰加密法，通常用於電子商務交易安全協定中，係由李維斯特（Ron Rivest）、薩莫爾（Adi Shamir）與阿德曼（Leonard Adleman）於 1977 年所共同提出，因此取其三位學者的姓氏開頭字母而拼成 RSA。

　　此種演算法主要是使用一個非常大的整數（2048 bit，約為 600 位數以上的數值）藉由因數分解的方式得到兩個因數值（皆為質數），並將這兩個因數值透過一些數學演算以設定為公鑰及私鑰；RSA 加密演算法幾乎是無法破解的，但若在時間允許及機器運算能力強大的前提之下，尤其是現今分散式資料處理及量子運算等電腦技術已日益成熟，RSA 仍有可能會被破解。例如像 Shor 這類的量子演算法使得因數分解問題變得更加容易，這對傳統 RSA 演算法造成了極大的威脅。一旦製作出大規模的量子計算機，2048 位元的 RSA 加密可能無法再確保安全性。

▶ 後量子加密技術的發展

為了應對量子計算的挑戰，研究人員正在開發新一代的加密技術，稱為後量子加密（Post-Quantum Cryptography, PQC）。其中，以下技術具有較大的發展潛力：

- **格基加密（Lattice-Based Cryptography）**：利用數學格的困難問題（如最近向量問題）進行加密，具備對抗量子計算攻擊的能力。
- **碼基加密（Code-Based Cryptography）**：基於糾錯碼的困難問題，提供強大的安全性。
- **哈希簽章（Hash-Based Signatures）**：使用哈希函數進行安全簽章，是一種簡單且可靠的後量子簽章技術。

目前，NIST（美國國家標準技術研究所）正在主導後量子加密標準的制定，其目的是設計最安全且高效的後量子加密技術，未來將逐步取代現有的RSA技術。

4 TLS 的運作

TLS 的運作過程主要包含 TLS 握手階段與 TLS 資料傳輸連線。

TLS 握手階段：用戶端（Client）初次連線到設置 TLS 協定的網站伺服器（Server）時，雙方進行協商以確定加密方式並驗證身分。

TLS 資料傳輸連線：在握手階段完成後，雙方使用握手過程中協商產生的「對稱加密密鑰」進行安全的點對點資料傳輸。TLS 保證每一次連線的密鑰均為唯一，當使用者結束會話或關閉瀏覽器時，連線也會中斷。

TLS 握手協定過程如下：

Step 1 用戶端（Client）連線到設置 TLS 協定的網站伺服器（Server），發送其可支援的演算法列表（例如：RSA、AES…）和隨機函數給伺服器。

Step 2 伺服器從用戶端可支援的演算法列表中選擇一個彼此皆可運作的加密方式，並傳送伺服器憑證（Certificate）及隨機函數給用戶端。憑證由受信任的第三方憑證中心（CA）簽署，用於證明伺服器的真實性。

Step 3 用戶端驗證伺服器憑證的真偽。如果憑證有效，用戶端生成一個「前置主鑰匙（Pre-Master Secret）」，並用伺服器的公鑰將前置主鑰匙加密後傳送給伺服器。

| Step 4 | 伺服器以自己的私鑰解密取得前置主鑰匙。之後用戶端與伺服器使用相同的前置主鑰匙透過定義好的隨機函數生成主密鑰（Master Secret）。

| Step 5 | 雙方用生成的主密鑰進一步生成對稱式的對話密鑰，至此完成握手過程。之後的所有通訊均使用這組對話密鑰進行對稱加密，以確保資料的保密性和完整性。

```
Client                                                                      Server
(用戶端)                                                                    (伺服器)

       1. Client_Hello（傳送用戶端可以支援的加密協定列表）
       ──────────────────────────────────────────────▶

       2. Server_Hello（從列表中選擇一種加密方式）
       ◀──────────────────────────────────────────────

       3. 確認伺服器憑證的為真後，用戶端生成一個「前置主鑰匙
         （Pre-Master Secret）」，並以伺服器的公鑰加密傳給伺服器
       ──────────────────────────────────────────────▶

       4. 用戶端以及伺服器以定義好的亂數和加密方式生成「主鑰匙」
       ◀──────────────────────────────────────────────

       5. 之後所有的通訊皆使用該程式金鑰來加密
       ◀──────────────────────────────────────────────▶
```

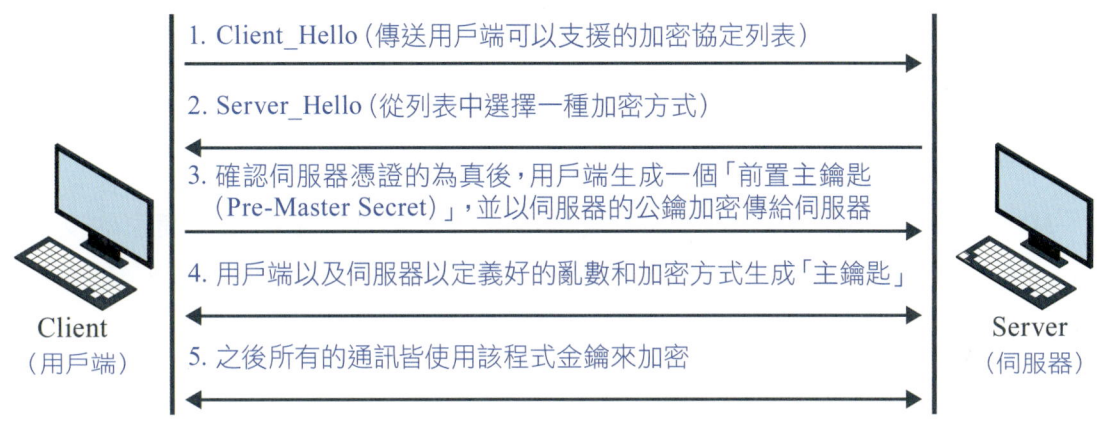

▲ 圖 5-3　TLS 的運作

5 線上購物的商流過程

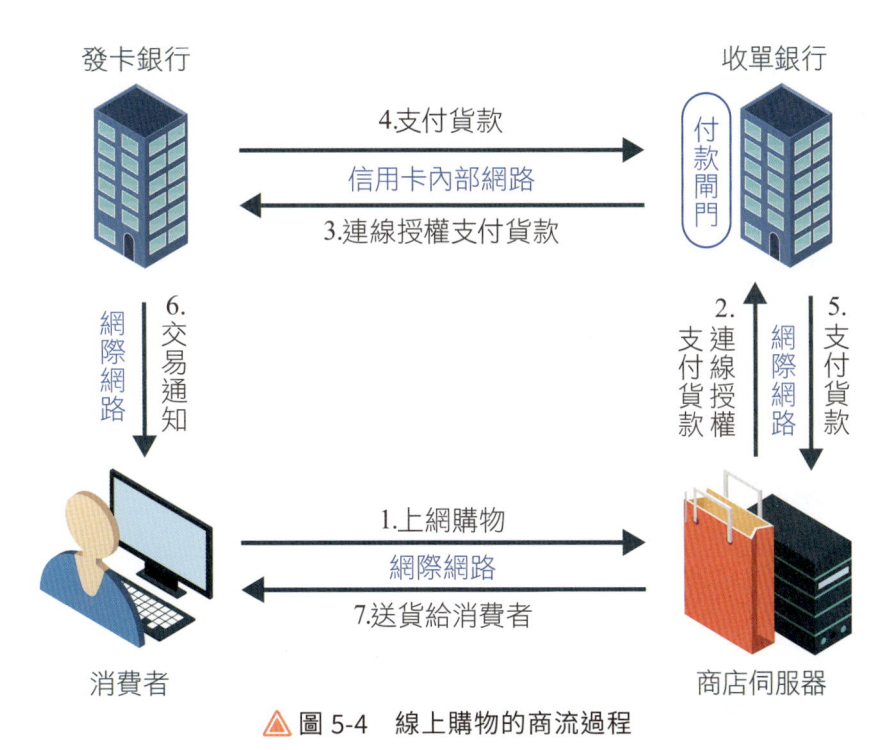

▲ 圖 5-4　線上購物的商流過程

137

5.1.2 3D Secure 2.0 技術

1 3D Secure 2.0 定義

3D Secure 2.0（3DS 2.0）是由 EMVCo（由 Visa、MasterCard、American Express、JCB、Discover 和 China UnionPay 等多個國際信用卡組織所組成）開發的支付認證協議，旨在為電子商務交易提供更安全的驗證流程，同時提升用戶的支付體驗。相比於舊版 3D Secure（3DS 1.0），3DS 2.0 提供了更靈活的驗證方式，並支援行動設備和非卡片支付。3DS 2.0 的目標是減少交易詐欺，並透過更順暢的驗證過程以降低購物車棄單率。

3D Secure 的「3D」，代表的電子交易中的三方：分別是商家（商家的支付平台）、發卡銀行（客戶的信用卡發卡銀行）、媒合方（提供支付處理與驗證的技術平台）。

2 3D Secure 2.0 運作方式

3DS 2.0 在不影響消費者體驗的前提下，提供「動態風險評估」和「分層驗證」。

▶ 資料共享與風險評估

3DS 2.0 允許商家和發卡銀行共享更豐富的交易資料（如裝置資訊、消費者行為、地理位置等），以進行風險評估。如果交易被評估為低風險，則可跳過額外驗證步驟，提供流暢的支付體驗。

▶ 雙因素認證（2FA）與動態驗證

在高風險交易中，使用更安全的雙因素認證技術，如生物識別（指紋、面部識別）、一次性密碼（OTP）等。

▶ 多設備支持

支援桌面、行動設備和數位錢包的支付場景。

3 3D Secure 2.0 流程

3DS 2.0 的主要流程在風險評估為低風險或高風險時會有額外客戶驗證程序：

Step 1 客戶下單：消費者在商家平台選擇商品並進行付款。

Step 2 交易資料傳輸：商家將交易資料（如商品價格、用戶資訊、裝置指紋等）發送至發卡銀行進行風險評估。

Step 3 風險評估：發卡銀行根據共享的交易資料進行風險分析，若交易風險低，則直接批准，無需進一步驗證。

如果交易被評估為高風險，則發卡銀行要求消費者完成額外的驗證流程（如輸入一次性密碼或進行生物識別），消費者完成驗證後並確認支付該筆款項。

Step 4 交易完成：發卡銀行授權交易，消費者完成支付。

5.1 MCT 模擬試題

___ 1. 開放式的無線網路安全性相較於有線網路來說,被駭客攻擊或竊取封包的機會來得較高,以下哪一種安全機制可以防止未經授權的使用者連結無線基地台?
   (A) 安全電子協議(Security Electronic Transaction, SET)
   (B) 傳輸層安全協議(Transport Layer Security, TLS)
   (C) 無線網路安全存取協定(Wi-Fi Protected Access III, WPA3)
   (D) 資料加密標準(Data Encryption Standard, DES)

___ 2. 關於 TLS 的定義,何者是錯誤的敘述?
   (A) 最初由 IETE 所提出
   (B) 採用私鑰加密法(Private Key)
   (C) 可以做到電子商務交易機制所要求的完整性及機密性
   (D) 可用於加密 HTTP、FTP、Telnet 以及 Email 的傳輸內容

___ 3. 關於 3D Secure 2.0 的運作方式,下列哪一項是錯誤的?
   (A) 3DS 2.0 允許商家和發卡銀行共享交易資料進行風險評估,並根據評估結果決定是否需要額外驗證
   (B) 如果交易被評估為高風險,消費者需要完成雙因素認證(2FA)或其他動態驗證方式
   (C) 3DS 2.0 的目標是減少交易詐欺,並透過更順暢的驗證過程以降低購物車棄單率
   (D) 3DS 2.0 僅支援桌面設備的支付,對於行動設備和數位錢包不支持

___ 4. 關於 3D Secure 的敘述,何者錯誤?
   (A) 3D Secure 只適用於 Visa 和 MasterCard,無法應用於其他信用卡發卡組織
   (B) 3D Secure 通過要求持卡人在交易過程中輸入一組額外的身分驗證資訊(如密碼或動態驗證碼)來增強交易的安全性
   (C) 3D Secure 旨在防止未經授權的網上交易,並能減少信用卡詐騙的風險
   (D) 3D Secure 目前有多種版本,如 3D Secure 1 和 3D Secure 2,後者提供更順暢的用戶體驗並支持更多設備和瀏覽器

_____ 5. 瑪莉在 example 商業公司線上購買一件商品，系統導引她到線上刷卡付款頁面，鏈結網址如下：http://example.com/ payment.php/ref=SSL_256?ie=big5&ex0A00583，她看了之後就決定中斷線上刷卡付款，主要原因為何？
(A) 安全協定採用的是 TLS 256bit，較不安全
(B) 使用的 Chrome 瀏覽器並使用 Big5 內碼，較不嚴謹
(C) 發現這個網頁並非真正的線上刷卡付款頁面
(D) 付款頁面採用的協定是 HTTP，而非 HTTPS，付款資訊將有被竊取的可能，現代瀏覽器會發出警告

_____ 6. 小凱登入網路銀行想線上轉帳給客戶，下列哪一種協定最有可能被用來傳遞線上的往來資訊？
(A) HTTPS　(B) FTP　(C) POP3　(D) SMTP

5.2 病毒與駭客攻擊

5.2.1 病毒

病毒（Virus），一種電腦程式，在未經使用者批准或不知情的狀況下，能夠自行運作及複製，通常會影響到電腦的正常運作。

1 檔案型病毒（File Virus）

該病毒通常依附在執行檔中，當使用者執行被感染的檔案時，該病毒則開始破壞電腦；常被感染檔案型病毒的副檔名：.exe。

2 開機型病毒（System Sector、Boot Virus）

病毒潛藏在系統啟動磁區（通常在硬碟中），當開機啟動電腦時，會將病毒一併載入到記憶體中，使得病毒比作業系統早一步啟動，以伺機破壞電腦；常見的開機型病毒：米開朗基羅病毒。

開機型病毒的解毒程式：將未中毒的可開機光碟片放入光碟機中，更改 BIOS 設定由光碟機開機（不透過硬碟開機，以避免載入病毒），啟動作業系統後再進行解毒的步驟。

3 混合型病毒

該病毒的特性為檔案型病毒及開機型病毒的結合。

4 巨集病毒（Macro Virus）

以巨集程式撰寫之病毒。使用者開啟被感染的檔案時，則同時啟動了該病毒；常見的巨集病毒感染檔案副檔名：.doc、.xls、.vbs。

在 Office 2013（含）之後所使用的開放格式檔案中（如 .docx、.xlsx），若這些檔案被儲存為巨集啟用版本（如 .docm、.xlsm），則仍可能被惡意巨集病毒感染。使用者應避免開啟不明來源的巨集啟用檔案，並保持巨集功能處於停用狀態。

> **註** 巨集（Macro）為微軟 Office 軟體提供之功能，可在文件中撰寫程式或自動化操作步驟，用以控制文件；巨集程式可在 Office 成員中被執行，但在預設 .docx 和 .xlsx 格式中，巨集功能被設計為不可使用，因此也降低被植入巨集病毒的可能性。

5 間諜軟體（Spyware）

間諜軟體是一種隱密運行的惡意程式，與廣告軟體不同的是間諜軟體會竊取用戶的敏感資訊（如密碼、瀏覽歷史、銀行資料），通常透過釣魚網站、免費軟體或系統漏洞進入裝置。

當前的間諜軟體偵測技術：

▶ 端點偵測與回應（EDR, Endpoint Detection and Response）

EDR 系統通過實時監控端點設備（如電腦和行動裝置）的行為模式，檢測異常活動並快速回應威脅。

▶ 人工智慧（AI）偵測

利用 AI 和機器學習技術，分析程式運行模式，預測和阻止潛在的間諜活動。

▶ 威脅情報平台（TIP, Threat Intelligence Platform）

收集全球威脅數據，幫助識別和阻斷已知的間諜軟體及其網域活動。

6 惡作劇程式（Joke Program）

亦稱為玩笑程式，通常是為了愚弄或造成使用者恐慌所設計；一般的惡作劇程式都是可執行檔程式，會讓系統出現異常情況，如螢幕倒置、開關光碟機或強制關閉電腦。

7 蠕蟲（Worm）

具有自我複製特性的程式，通常會占據大量記憶體、運算時間或網路速度，可能讓電腦完全無法使用，部分蠕蟲程式會感染者電腦中的通訊錄名單，以作為寄發病毒的對象；常見的蠕蟲病毒：I LOVE YOU 病毒、求職信病毒。

8 邏輯炸彈（Logical Bomb）

該病毒平時潛藏於受害者的電腦中，於特定條件（邏輯）成立時才會攻擊電腦；常見的邏輯炸彈：四月一號愚人節病毒（即系統日期為四月一號時，才會發作）、十三號星期五病毒（即系統日期為每月十三號且當日是星期五，才會發作）

9 勒索軟體（Ransomware）

一種惡意程式，入侵電腦系統後加密檔案，要求受害者支付贖金以解鎖檔案或系統。常透過釣魚郵件、漏洞攻擊或不安全的下載感染裝置。

10 深度假造（Deepfake）

利用人工智慧（AI）和深度學習技術生成或操控視覺與聲音內容，製作極度逼真的假影像或聲音，常用於詐騙、政治干預或散播假訊息。

5.2.2 駭客攻擊

駭客利用電腦專業知識或技能，進行網路非法行為，以獲得利益或自我滿足；常見的網路安全攻擊可分為四大類：中斷（Interrupt）、介入（Interception）、篡改（Modification）、假造（Fabrication）。

1 遠端存取程式（Remote Access Program）

提供給使用者可在遠端來進行電腦系統的操作、檔案存取或開關機的程式，大部分的遠端存取程式都是合法的，但有些會被操控進行非法活動，受害者卻不自知，例如：彩虹橋程式。

2 殭屍網路（BotNet）

被駭客操控的電腦，稱為殭屍電腦（Zombie），而這些電腦不會知道其正被駭客控制著執行非法程式；一台殭屍電腦可視為駭客的一個棋子，而這些殭屍電腦所形成的龐大士兵則被稱為殭屍網路（BotNet）。

3 分散式阻絕服務攻擊（Distributed Denial of Service, DDoS）

一般的（小型或中型）網站伺服器，在同一時間內可提供的回應數（Response）在幾百至幾千次之間；若駭客操控數以萬計的僵屍電腦在同一時間內要求同一個網站進行回應服務，較小型的網站伺服器可能會疲於回應，而無法將網頁回應給正常的使用者，使得正常使用者會誤為該網站已停止服務，或是因為瞬間進來巨大的網路流量，而造成網站癱瘓。

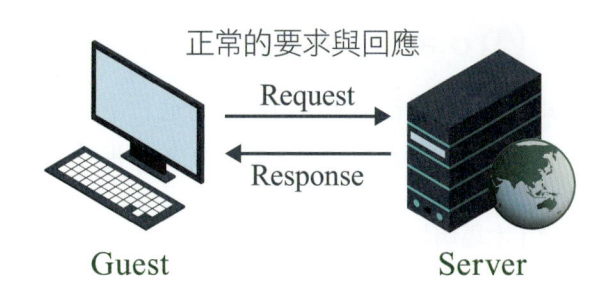

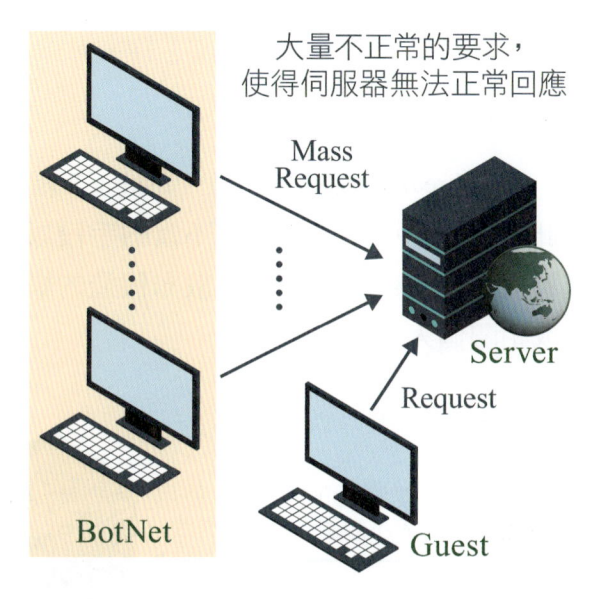

▲ 圖 5-6　分散式阻絕服務攻擊

現代防禦方式：

◉ AI 驅動的威脅檢測

利用人工智慧分析網絡流量模式，及時發現異常流量，快速阻斷攻擊來源。

◉ 內容分發網路（CDN）與流量分散

將流量分散到多個伺服器，降低單一目標的負載。

◉ 自動化 DDoS 防禦工具

使用雲端 DDoS 防禦服務（如 Cloudflare、AWS Shield）進行流量過濾和惡意流量阻絕。

4 特洛伊木馬程式（Trojan Horse）

利用系統漏洞，或偽裝成正常程式，入侵電腦進行非法活動的程式；免費軟體有時候可能也含有木馬程式，因此不可從不信任的來源裡下載檔案。

> **註** 木馬程式的名稱是來自於「木馬屠城記」，相傳希臘人藏於大型木馬中，被特洛伊人帶回城中當戰利品，而希臘人便趁夜晚悄悄將城門打開讓士兵進來，從而獲得了勝利，而該程式類似於此情況而被命名。

5 網路釣魚（Phishing）

Phishing 一詞是由飛客（phreak）入侵及釣魚（fishing）組合而成；飛客入侵是種不當得利的手法，因此網路釣魚引申為，透過不當的手段以欺騙被害者進而獲取利益的攻擊。其通常透過社群聊天或電子郵件來散布假造的網址，誘騙使用者點選網址以輸入帳號、密碼或相關個人資料。

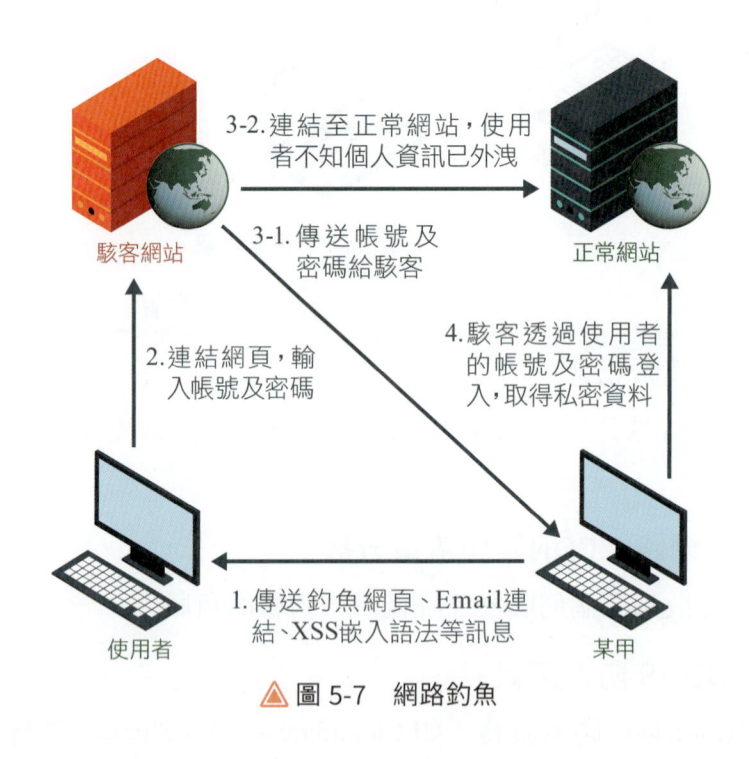

▲ 圖 5-7　網路釣魚

6 點擊欺騙（Click Fraud）

駭客利用 BotNet 大量點擊商業網站或從事需要網路資源的活動，以非人為方式賺取廣告佣金。

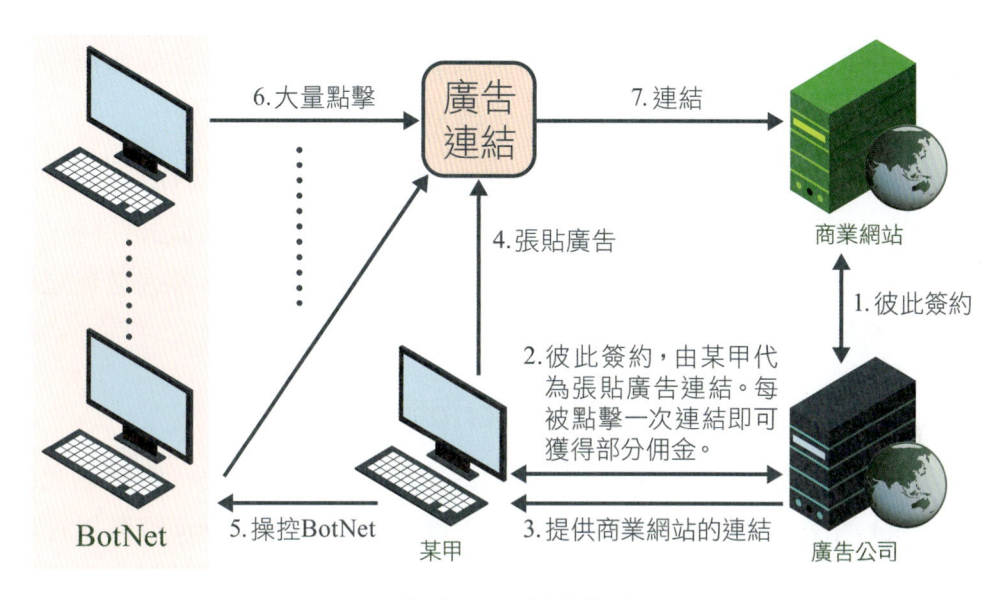

▲ 圖 5-8　點擊欺騙

7 社交工程法（Social Engineering）

社交工程法是一種非技術性的攻擊方式，主要利用民眾疏忽或大意而將私密資訊傳送給第三者，通常透過社群聊天或電子郵件以交談、詐欺或假冒等方式來得到使用者的信任，進而獲取使用者的私人資訊；或者，使用者未將公司或私密資料徹底銷毀而隨意丟棄，使得有心人士藉由翻垃圾桶即可獲取這些資訊。

8 字典攻擊法（Dictionary Attack）

亦稱為暴力攻擊法；基於使用者常使用一些英文單字或易記的數學規則做為私人密碼，使得駭客得以使用「字典檔案」（存放著常用英文單字或數字的文字檔案）來一個一個測試密碼（Try-error）是否可以登入。

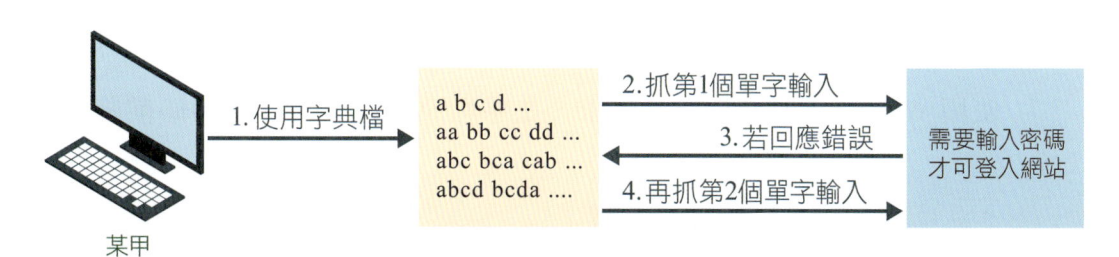

▲ 圖 5-9　字典攻擊法

9 垃圾郵件攻擊（Spam）

駭客透過 BotNet 持續不斷地寄送垃圾郵件（或廣告郵件）給特定的郵件伺服器，將造成該伺服器龐大的收信負擔，龐大的 Spam 可能造成郵件伺服器的容量被灌爆而無法正常運作，或是合法使用者無法正常寄出或讀取站台內的信件；另外，部分廣告公司會以字典檔案隨機組成要寄送的電子郵件，隨機發放廣告信件藉此測試及蒐集正確的收信人電子郵件，稱為「字典式發送」的垃圾郵件。

在歐美國家，對於垃圾郵件常見的管制方式為「選擇退出」（Opt-out），意指業者可合法地寄送廣告郵件，但當收信的消費者表示不想再收到類似郵件時，業者就不得繼續寄送；相對的方式則為「選擇加入」（Opt-in），即消費者透過登記或同意的方式，表示希望收到類似郵件，業者才能寄發廣告郵件。

10 跨網站腳本攻擊（Cross Site Scripting）

跨網站腳本攻擊，是一種透過網站安全漏洞進行攻擊的手法。當網站允許攻擊者能輸入 Script 語法在網址或網頁中，攻擊者就能藉此獲得 cookie 資料以存取管理者的權限；或是藉此導引用戶端連結至駭客網頁，使得用戶下載執行木馬程式卻不自知。

在早期靜態網頁中很少有此類攻擊，現今網頁皆以互動式動態語法（ASP、PHP 或 JSP）來製作網頁，也因此提高了被攻擊的機會。

11 SQL Injection

亦稱為「資料隱碼」攻擊，這種攻擊並非植入病毒，而是駭客在網站可輸入資料的欄位中，輸入 SQL 語法以獲取、竊取、修改或刪除網站資料庫中的資料；如果在設計網站時，並未驗證或限制資料的輸入方式，而網站上又有提供給使用者輸入的欄位（例如帳號及密碼的輸入欄位），那麼該網站遭受到這種攻擊的機會就非常高。

現代防禦技術：

▶ Web 應用程式防火牆（WAF）

使用 WAF 分析並攔截惡意請求，在惡意 SQL 語句到達資料庫前將其過濾掉。

▶ 資料庫查詢語法篩選

實現預備語句（Prepared Statements）和參數化查詢（Parameterized Queries），將用戶輸入與 SQL 語句分離，防止惡意注入。

▶ 輸入驗證與過濾

在輸入欄位中驗證用戶輸入是否符合預期格式，剔除特殊字元（例如：\、*）。

12 零時差攻擊（Zero-day Attack）

是當駭客攻擊系統漏洞時，系統設計公司趕不及針對漏洞來發布修補或更新程式以防止攻擊的情況；零時差攻擊雖然是所有駭客攻擊中發生率最低的，卻是最具有威脅性，因為當電腦被攻擊時，並沒有任何更新程式可以進行即時修補。

漏洞挖掘平台（Bug Bounty）的防禦作用：

▶ 鼓勵漏洞發現

Bug Bounty 平台（如 HackerOne、Bugcrowd）可向安全研究人員提供獎勵，鼓勵其尋找並回報潛在漏洞，提前防止零時差攻擊的發生。

▶ 縮短修復時間

發現的漏洞會第一時間提交給軟體廠商進行修補，減少攻擊者利用漏洞的機會。

▶ 建立安全社群

集結全球頂尖安全專家，形成主動防禦的力量，進一步降低漏洞帶來的風險。

13 網路監聽

又稱為 Sniffer；是網管人員或駭客透過監聽網路資料的傳遞，以管理網路狀態或竊取他人私密資料。

14 欺騙無線基地台

稱為「Rogue Access」，駭客在公共場合建置一個與一般無異的無線基地台，使用者不需要密碼就可以直接連線上網，而一旦使用者連接上這個欺騙的無線基地台，使用者在網路上的所有行為皆會被駭客進行監聽，包括連接上網的網址、輸入的帳號及密碼，甚至若透過該基地台進行電子交易，有可能連身分證字號或信用卡號等更為隱私的資料都會被駭客截取。

15 駕駛攻擊

又稱「War Driving」,是指有心人士駕著車開啟無線裝置,到處尋找可連線的無線網路,待連上線之後,再進一步侵入使用者區域網路的電腦。

16 網址嫁接(Pharming)

劫持一個正常網址,並將使用者重新導向與原本網站十分相似的假造網站,駭客透過這個假造網站私下蒐集使用者的相關資料。

補充站

世界第一位「電腦網路少年犯」,知名的傳奇駭客:凱文‧米尼克(Kevin Mitnick),他於十七歲就破解了太平洋貝爾電話公司網路,侵入北美空中防務指揮部系統,甚至破解了美國聯邦調查局的電腦系統,將要追捕他的 FBI 探員們玩弄於股掌之間;一位 FBI 辦案人員曾如此形容他:「電腦與他的靈魂之間似乎有一條臍帶相連結,這就是為什麼只要他在電腦面前,他就會成為巨人的原因。」。

他的故事後續也被好萊塢拍成電影 Takedown(譯:駭客追緝令)以及 Freedom Downtime(譯:自由停工期)。

這位舉世聞名的駭客在一次旅行轉機的空閒時,提出了十則對於資訊安全防範的經驗:

① 異地備份資料。
② 選擇很難猜的密碼。
③ 安裝防毒軟體,並每天更新。
④ 及時更新作業系統。
⑤ 切勿點擊在瀏覽器中出現一些釣魚連結。
⑥ 在發送敏感資料時進行加密。
⑦ 安裝一個或幾個反間諜程式。
⑧ 安裝個人防火牆。
⑨ 關掉所有不使用的系統服務,例如 RemoteDesktop、RealVNC 或 NetBIOS。
⑩ 設置至少 20 個字元的密碼以確保無線網路的安全性。

因此,可知道絕大部分的駭客是透過電腦及網路進行攻擊行為;反過來說,若是電腦閒置不用時就進行關機的動作,除了節電減碳之外,亦可減少被植入後門程式而作為殭屍電腦,或是作為跳板電腦的可能性。

想想看,本段提到「駭客利用電腦專業知識或技能,進行網路非法行為…」,如果是不需透過電腦及網路的攻擊行為,又是什麼樣的入侵方式呢?

5.2.3 無線網路攻擊與防護

1 無線網路基地台（AP）的攻擊

當使用者建置一部新的無線基地台時，需設置「服務設定識別碼識別元（SSID）」作為識別無線網路基地台的名稱，另外亦需選擇無線加密的方式，常見的加密方式為 WEP、WPA 與 WPA2。

WEP 為有線等效加密（Wired Equivalent Privacy），其屬於較為早期所採用的加密技術，由於 WEP 使用的是「重複的」金鑰，因此只要駭客透過較長時間的監聽及蒐集封包，等到蒐集的封包數量足夠，便可對於封包進行 WEP 解密。

WPA 為無線保護存取機制（Wi-Fi Protected Access）有 WPA 及 WPA2 這兩種標準，主要是為了因應 WEP 的容易被破解而設計的，密碼的設置需為八到六十三個 ASCII 字元；WPA2 為 WPA 的第二個版本，在安全性上較 WPA 來得更好，而且連線速度來得更快，一般建議若連接設備支援 WPA2 標準，則無線網路基地台以此標準做為加密方式會是比較好的。

▶ WEP（有線等效私密）加密技術

屬於傳統早期 64 位元的加密技術，較大的問題是使用 WEP 加密時，網路傳輸速度會變慢；另外，目前已有簡易快速的破解方法，或藉由相關的應用程式可在短時間內找出密碼，所以這種加密技術不太建議設定使用。

▶ WPA（無線保護存取機制）

WEP 的加強版，它加入 TKIP（Temporal Key Integrity Protocol，暫時金鑰整合通訊協定）加密協定，把加密的位元數增加一倍，變得更不容易被破解。但 WPA 目前亦已有方法能夠破解密碼。

▶ WPA2-PSK（Pre-Shared Key，預先共享金鑰）加密技術

WPA2 是目前廣泛使用的無線網路加密標準，被認為是較安全的加密方式，但已面臨部分攻擊威脅（如 KRACK 攻擊）。在設定 WPA2 時，建議使用 AES（Advanced Encryption Standard，高級加密標準），因其具有高效能與安全性，如下圖 5-10 所示。

儘管 AES 加密本身尚未被破解，但由於 WPA2 在密鑰交換過程中的漏洞可能會遭到攻擊（該漏洞允許攻擊者攔截並解密部分流量）。因此，建議採用最新的 WPA3 標準，進一步提升安全性。

▲ 圖 5-10　無線網路的加密設定畫面

▶ WPA3 加密技術

WPA3（Wi-Fi Protected Access 3）是目前最新的 Wi-Fi 安全標準，主要用於替代 WPA2，提供更高的無線網絡加密和安全性。

▽ 表 5-1　WPA2 與 WPA3 的比較

特性	WPA2	WPA3
加密技術	基於 AES，使用 PSK（Pre-Shared Key）	基於 AES-GCMP，使用 SAE（Simultaneous Authentication of Equals），防止離線暴力破解攻擊
密碼暴力破解	易受離線暴力破解攻擊	增強密碼防禦機制，防止暴力破解
開放網絡保護	無保護	支援「個人資料保護」（OWE, Opportunistic Wireless Encryption）機制
裝置配置簡化	無	使用「Easy Connect」功能，簡化 IoT 裝置的配置
前向安全性	無	提供前向安全性，保護過去的通訊內容免受未來的密鑰洩露影響
用戶體驗	需要複雜的密碼保護	更高的安全性，且更易於用戶操作

2 無線基地台的防護

不管是建置無線基地台,或是在公共場所連接無線基地台進行上網,都需要小心防範自己的私密資料是否被盜取;如果不小心開放自己基地台則會讓他人有機會盜連,甚至讓有心人士透過無線基地台進入家中的區域網路中,並進行竊取行為。

關於無線基地台的防護措施如下:

1. AP 的 SSID 最好設為「隱藏」,以防止「War Driving 攻擊」。

2. AP 最好能使用加密機制並選擇「WPA3」。

3. AP 的金鑰密碼建議使用 8 個位元以上,並且混合數字、大小寫英文及特殊字元,以防止駭客使用「字典攻擊法」入侵 AP。

4. 在 AP 中設置公司或家中的已知電腦為「白名單」,不認識的電腦一律設為「黑名單」。做法是將電腦的 MAC 與 DHCP 可分配的虛擬 IP Address 進行綁定,當不認識的電腦欲連線 AP 時便會發出警告。

5. 不隨便在公用區域使用免費或不需輸入密碼的 AP 裝置,以防止「Rogue Access 欺騙」。

6. 使用零信任架構(Zero Trust Architecture, ZTA),即使是內部設備也需經過身分驗證和授權才能訪問網絡資源。

7. 多因素驗證(MFA, Multi-Factor Authentication):使用多重驗證手段(如使用者密碼 + 一次性密碼或指紋 + 設備驗證)確保接入網絡的設備和用戶身分的真實性。

補充站

駭客(Hacker)指的是對於鑽研電腦科技有著高度興趣的專業人士,但因為傳播媒體的渲染,使得 Hacker 和專門破壞他人電腦的 Cracker 一詞已混用。

怪客(Cracker)指的是以電腦專業知識或技能,進行非法行為的人;常見的非法行為有破解軟體限制、撰寫和散布病毒、木馬等有害程式、侵入網路系統、攻擊特定網站等等。

5.2.4 網路可能的危害

網際網路伴隨著電腦、手機及平板的快速發展，使用者能隨時隨地查閱生活資訊、使用適地性服務（Location-Based Service, LBS）、進行電子商務交易、不在辦公室也能辦公事，甚至是使用物聯網（Internet of Things, IoT）來遠端遙控家中的所有資電設備；雖然獲得資訊快速便捷，但伴隨而來的則是網路病毒、網路詐騙、隱私外洩、網路交友可能帶來的危機，以及網路資訊沉迷或遊戲成癮等等問題。

透過社群網站可以快速地傳播資訊，讓朋友間可以快速交換新知、進行互動交流、舉辦活動邀約或是聚集同好進行研究以分享，但由於青少年對於法律概念的認識不清，有可能在使用社群網站或網路交友時，落入有心人士所設的陷阱。例如：有心人士會散播虛假資訊（如假消息或危機警告），引發恐慌或吸引受害者點擊惡意鏈接，進一步竊取個人資料或散播惡意程式，或是利用假帳號冒充名人、企業或可信來源，與目標建立信任後實施詐騙，例如誘騙目標參與虛假投資、慈善捐款或提供敏感資訊。

近年來，詐騙集團會使用 Spear Phishing（定向釣魚）手法，針對特定個人或組織的精準釣魚攻擊，通常透過蒐集目標的個人資訊（如姓名、職位或工作郵件），設計高度個人化的欺騙訊息，誘使目標點擊惡意鏈接或提供敏感資料。或是使用 Smishing（短信釣魚）手法，利用簡訊作為攻擊方式，包含惡意鏈接或誘導性訊息（如假冒銀行通知、包裹送達通知），誘騙受害者點擊鏈接並提供個人或財務資訊。

使用網路時需注意：在網路上儘量避免留下個人資訊，舉凡姓名、電話、住址等等；不要單獨和剛在網路上認識的陌生人見面約會；慎選網路聊天室及交友對象；維護網路禮節，以誠待人，並不可隨意以圖文去謾罵或詆毀他人。

另外，網路上可供人們下載使用的軟體並非全部是免費軟體，透過 P2P 下載的應用軟體，除了有違反著作權法的嫌疑之外，部分軟體甚至夾雜有間諜軟體或木馬程式，想竊取使用者的個人基本資料。

關於應用軟體的著作權及是否付費之比較，如下表所示。

▽ 表 5-2 應用軟體的著作權及是否付費之比較

軟體 Software	著作權	費用	開放程式碼
公共軟體 Public Domain	X	X	X
免費軟體 Freeware	V	X	X
自由軟體 Free software	V	X	V
共享軟體 Shareware	V	限制使用期限或使用次數，付費後可使用完整功能。	X

5.2 MCT 模擬試題

_____ 1. 一位朋友致電給你，說他的電腦不正常關機，有時候會自動播出音樂，有時候則是不執行任何動作時，硬碟也會持續高速運作。你過去看他的電腦的時候，發現電腦有一些未知的埠號（Port）被打開，並持續地進行連線。下列哪個原因最有可能造成以上的結果？
   (A) 被電腦蠕蟲（Worm）感染
   (B) 電腦被釣魚網站（Phishing）攻擊
   (C) 感染了多型態病毒（Polymorphic Virus）
   (D) 被非法的伺服器進行攻擊

_____ 2. 哪一種類型的攻擊方式，主要是用以騙取他人機密或是私人資訊為主？
   (A) 零時差攻擊　　　　　　　(B) 木馬程式
   (C) 社交工程法　　　　　　　(D) 蠕蟲病毒

_____ 3. 企業將系統及軟體建置在雲端服務上，可能遭遇的安全問題為何？
   (A) 蠕蟲病毒
   (B) 社交工程法
   (C) 作業系統漏洞
   (D) 虛擬主機管理程式的漏洞

_____ 4. 透過 Android 手機使用 WEP（Wired Equivalent Privacy）連線基地台，可能發生的問題為何？
   (A) 容易被搜尋到基地台的 SSID
   (B) 僅使用 256 位元的私鑰加密
   (C) 較新式的基地台皆採用 WEP 加密
   (D) 駭客可透過蒐集到數量足夠的封包來反推金鑰的可能性，進而破解密碼

_____ 5. 關於 WPA3 無線網路安全協定的特性，何者是正確的？
   (A) WPA3 只支持使用 64 位元的加密金鑰，較為不安全
   (B) WPA3 透過密碼簡化交換協議（SAE）更能抵抗離線暴力攻擊手法
   (C) WPA3 僅支援傳統的 2.4GHz 頻段，無法在 5GHz 頻段上運行
   (D) WPA3 的加密協定與 WPA2 完全相同，因此無需額外更新

5.2 MCT 模擬試題

____ 6. 琳達平時使用無線基地台來上網，其所使用的連線機制為 WPA3 協定，但她最近發現上網的速度愈來愈慢，可能的原因是什麼？
(A) 基地台硬體過熱，因此啟動保護機制使得網路連線速度變慢
(B) WPA3 使用更強的加密技術和密碼簡化交換協議（SAE），可能會導致較高的計算負擔，因此網路速度變慢
(C) WPA3 透過多人共用的 ADSL 網路來連接到無線基地台，因此速度愈來愈慢
(D) WPA3 採用不安全的公開鑰匙加密法，容易受到破解

____ 7. 凱特根據 US-CERT 建議，習慣不定期的更改基地台的名稱，以增加無線網路的安全性，減少駭客的威脅，請問她應該是想要更改下列哪一項設定？
(A) 無線網路連結的加密方式
(B) 服務識別碼（Service Set Identifier, SSID）
(C) 網路卡的位址（Media Access Card, MAC）
(D) 從 802.11b 改為 802.11ac 協定

____ 8. 源生最近買了一個新的無線基地台，他應該進行哪一項設定，使得他之後可以比較方便地辨識到這台 AP 設備？
(A) 設定連線方式為 802.11g，這個設定幾乎所有無線網路卡皆有支援
(B) 設定 AP 基地台的實體 MAC 位址，讓基地台可以對應到 IP Address
(C) 設定基地台的服務識別碼 SSID
(D) 設定基地台的 DNS，使得手機可以認得基地台的名稱

____ 9. 下列哪一個設定是無線基地台在區域網路中的識別名稱？
(A) MAC Address		(B) IP Address
(C) IEEE 802.11ac		(D) SSID

____ 10. 下列哪一種網路攻擊手法，是指透過無線網路進行資料封包的蒐集？
(A) DDoS			(B) XSS 攻擊
(C) War Driving		(D) 木馬程式

____ 11. 小華預計要購入一部新的無線基地台，他在選購基地台時，應該先注意哪個功能？
(A) 基地台最多可同時支援多少人連線
(B) 是否支援最新無線的加密技術
(C) 基地台的天線是否夠多
(D) 基地台是否能連通區域網路內的其他電腦

____ 12. 下列哪一項攻擊手法與無線基地台最為相關？
(A) DDoS（分散式阻絕服務攻擊） (B) Social Engineering（社交工程法）
(C) Phishing（釣魚網站） (D) War Driving（駕駛攻擊）

____ 13. 下列哪一種是屬於惡意接入他人無線基地台的攻擊方式？
(A) Rogue Access (B) DataBase System
(C) ARP Spoofing (D) Social Network

____ 14. 雷恩斯透過開車去蒐集他居住社區所分享出來的 AP 熱點，這樣的蒐集行為是屬於？
(A) 社交工程法 (B) 暴力破解法
(C) 木馬攻擊 (D) 駕駛攻擊

____ 15. 阿凱發現自己的無線基地台最近的連線速度變慢，他懷疑基地台可能受到惡意連接，下列哪個做法無法阻止惡意連接？
(A) 連線到無線基地台的管理後台，更改並啟用無線加密協定（例如 WPA3），並設置強密碼
(B) 將原先的 WEP 協定改為 WPA2 或 WPA3 協定
(C) 在無線基地台中記錄 MAC 地址以設置允許連線的白名單
(D) 當連線無線基地台時，設置不要記住密碼

____ 16. 下列何者無法作為登入無線基地台的驗證資訊？
(A) 設置 SSID
(B) 登入金鑰
(C) 無線加密協定
(D) 無線基地台的連線速度

5.2 MCT 模擬試題

_____ 17. 在購入無線基地台並開始設定分享時，將會使用兩個應用軟體，一個是用來配置無線基地台連線網路的設定，另一個則是？
    (A) 設定與有線網路進行資源共享
    (B) 設定無線網路的加密協定以及金鑰設定
    (C) 設定每一部電腦的連線速度
    (D) 作為防火牆軟體，用以防止駭客入侵

_____ 18. 索隆收到一封自稱是雲端網站寄來的電子郵件，內容聲稱由於網站要提高使用者的雲端空間容量，因此需要索隆點選郵件中的鏈結，並輸入帳號及密碼來確認使用者身分，索隆在輸入帳號及密碼之後，發現過了不久，他再也無法登入雲端網站了，請問這是什麼方式的攻擊？
    (A) XSS（跨網站腳本攻擊）
    (B) SQL Injection（資料隱碼攻擊）
    (C) Phishing（釣魚網站）
    (D) Zero-Day Attack（零時差攻擊）

_____ 19. 網址嫁接（Pharming）有別於網路釣魚（Phishing），下列何者為網路嫁接的攻擊方式？
    (A) 透過輸入 SQL 語法，讓使用者的瀏覽器導向仿冒的網站
    (B) 透過仿冒網站來竊取使用者的帳號及密碼
    (C) 在電腦中設置惡意程式，讓使用者的瀏覽器導向仿冒的網站
    (D) 透過社交工程法，誘騙使用者自行輸入錯誤的網址

_____ 20. 下列哪一種攻擊是駭客在受害者電腦設置惡意程式，使得瀏覽器會自行導向與正常網站相似的仿冒網站，進而外洩自己的帳號與密碼？
    (A) XSS（跨網站腳本攻擊）　　(B) SQL Injection（資料隱碼攻擊）
    (C) Phishing（釣魚網站）　　(D) Pharming（網址嫁接）

_____ 21. 下列哪一種攻擊是駭客透過電子郵件或是即時通訊，傳遞仿冒正常網站的網址，來誘騙使用者輸入自己的個人資訊？
    (A) ARP Spoofing（ARP 欺騙）　　(B) SYN Flooding（SYN 洪水攻擊）
    (C) Pharming（網址嫁接）　　(D) Phishing（釣魚網站）

____ 22. 手機及網際網路的便利，使得愈來愈多的青少年沉溺於網路的虛擬世界中，使得網路詐騙、網路沉迷與網路霸凌等行為，對於青少年的負面影響亦層出不窮，下列何者是防止青少年沉溺於網路的方式之一？
(A) 斷絕青少年去連線上網，鼓勵其多從事戶外活動
(B) 教導青少年正確的網路倫理及觀念，並告知惡意網路行為可能導致的結果
(C) 全程陪伴青少年上網，並從旁觀察、協助與引導
(D) 禁止青少年在身心尚未健全之前，不得使用手機

____ 23. 溫蒂最近加入她兒子的社群網站中，發現她兒子和十幾個人被標記在一則訊息中，而這則訊息內談論的內容是攻擊班上一位同學的行為與長相，她應該如何教導她兒子怎樣面對網路霸凌？
(A) 網路上一切的言論與行為都是自由的，不受法律約束
(B) 接受、散布或分享不實的言論，都有可能是網路霸凌的加害者之一
(C) 阻絕他繼續上網，並請他退出並不再使用社群網站
(D) 不理會並刪除該則訊息即可

____ 24. 水能載舟，亦能覆舟，我們在社群媒體可以很容易找到志同道合的朋友進行交談，但也可能因此為自己招來危險。下列何種行為最有可能帶來危險？
(A) 在臉書（Facebook）上發表批判文章
(B) 和陌生人在網路聊天室裡聊天
(C) 使用社群軟體找到志同道合的人，並約出來見面
(D) 對著某一篇文章按讚（Good Click）表示認同

____ 25. 在社群網站中，哪一種行為是不道德的？
(A) 在自己的網路推文，惡意中傷某位朋友
(B) 使用臉書（Facebook）撰寫新產品的推銷文章
(C) 在網路聊天室中，徵求他人對於某件事情的意見
(D) 在推特中發表自己目前的感情狀態

notes

附錄

模擬試題解答與解析

1.1

1. (D)　2. (C)　3. (D)　4. (A)　5. (C)　6. (B)

詳解

3. Internet 屬於是一種 WAN（廣域網路）。
5. 下載需 1200M×8 bit / 100M (bit/sec) = 96 秒，上傳需 1200M×8 bit / 40M (bit/sec) = 240 秒，共需 96+240 = 336 秒。
6. 應為 PAN（個人網路）< LAN（區域網路）< MAN（都會型網路）< WAN（廣域網路）。

1.2

1. (B)　2. (A)　3. (B)　4. (A)　5. (A)

詳解

1. (A) 電路交換會占用整個線路的使用；(C) 使用分封交換時，透過 TCP 協定，資料錯誤會重新傳送；(D) 網際網路屬於分封交換。
2. TANet、5G 行動網路業者、有線電線業者為 ISP。

2.1

1. (D)　2. (A)　3. (D)　4. (D)　5. (D)

詳解

1. 目前光纖的傳輸速度最快，可達 10 Gbps。
2. UTP 無遮蔽雙絞線價格便宜，容易安裝，為目前區域網路最常見的傳輸媒體。
3. FTTN（Fiber To The Neighborhood），光纖線路只架設到使用者住家的鄰里附近。另外，FTTH 則是光纖直接架設到使用者的住家。
4. 家庭或辦公室區域網路通常使用星狀拓樸，採用 UTP 無遮蔽式雙絞線及 RJ-45 網路接頭。

2.2

1. (D)　2. (C)　3. (B)　4. (C)　5. (C)

詳解

1. 4G 技術中頻寬分配是根據用戶需求和網路負載進行調整。
3. RFID 無線射頻識別技術，使用感應器發射無線電波給 RFID 識別標籤，藉由標籤所回傳的電磁波以進行標籤的管理或讀寫，常用於商場防盜、貨品物流追蹤、門禁磁卡、國道 ETC 收費、悠遊卡、便利商店的 Visa payWave、寵物晶片。
4. NFC 近場通訊技術由 RFID 演化而來，由於安全性高，可做為智慧錢包的小額付款機制。
5. 藍牙（Bluetooth）技術的特性為傳輸距離短、可透過發散方式進行設備之間的配對。

2.3

1. (B)　2. (A)　3. (B)　4. (C)　5. (B)

詳解

1. 環狀拓樸採用記號（Token）進行環狀傳輸，取得記號的節點才可傳輸資料，此時其他節點僅會等待接收資料，不作其他動作，因此傳輸效率最好，速度最快。
2. 環狀網路以單一線路環繞各個節點電腦，並以同一個方向進行資料的傳送，因此任一節點電腦故障或關機，則資料無法往下傳送，整個網路將無法運作。
3. 網狀拓樸中的任兩個節點電腦都有線路連接，因此任一節點電腦故障時，其他節點仍可正常運作，例如 Internet 網際網路。
4. 在單環狀網路中，任一電腦故障將使得整個網路無法運作。

2.4

1. (D)　2. (D)　3. (D)　4. (C)　5. (C)

詳解

1. 基頻（Base）傳輸的是數位訊號，常用於區域網路；寬頻（Broad）傳輸的是類比訊號，常用於廣域網路、有線電視。
2. 乙太網路使用 IEEE 802.3 標準。
4. 100 BaseTX，英文字母 T 開頭採用 UTP 雙絞線，100 Mbps，基頻傳輸。
5. (A) Cat 3 是早期用於 10 Mbps Ethernet 的標準，目前幾乎已被淘汰，不適用於 Gigabit Ethernet。
   (B) Cat 5e 支援 1 Gbps 傳輸速率，且多用於現代以太網路，而非僅適用於電話網路。
   (D) Cat 7 使用的是 GG45 或 TERA 接頭，而不是 RJ-11 接頭，且 RJ-11 主要用於電話網路。

2.5

1. (C)　2. (D)　3. (B)　4. (A)　5. (B)

詳解

2. IP 分享器提供 DHCP 及 NAT 功能；Switch 可記錄目的主機的 MAC 位址；Repeater 用來增強訊號的傳送。
5. 直譯器為高階語言的翻譯程式。

2.6

1. (B)　2. (C)　3. (C)　4. (C)　5. (D)　6. (C)

詳解

1. 從第七層至第一層，分別為資料、區段、封包、訊框、位元。
2. TCP 及 UDP 兩者皆位於傳輸層。
3. ARP 協定位於 OSI 模型的網路層（第三層）。
4. 應為閘道器（位於第一層至第七層）、交換器（第四層）、路由器（第三層）、橋接器（第二層）、中繼器（第一層）。
6. OSI 應用層中有 FTP、DHCP、DNS、HTTP、HTTPS、Telnet、SMTP、POP3。

3.1

1. (D)　2. (C)　3. (B)　4. (D)　5. (A)　6. (C)　7. (B)

詳解

4. Proxy Server（代理伺服器）可儲存已瀏覽過後的網頁，讓其他瀏覽同一頁面的使用者，加快其網頁下載的速度。亦可做為防火牆使用，主動篩選惡意網頁或程式。
5. Windows 預設系統管理員帳號為 administrator, Linux 預設系統管理員帳號為 root。
6. LAMP 採用自由軟體，分別為 Linux、Apache、MySQL、PHP。
7. DNS 伺服器轉換 IP Address 及網域名稱。ARP 協定轉換 IP Address 及 MAC Address。

3.2

1. (B)　2. (A)　3. (A)　4. (A)　5. (C)

詳解

5. Class A 的子網路遮罩預設為 255.0.0.0。

3.3

1. (B)　2. (A)　3. (C)　4. (C)　5. (C)

詳解

1. 透過「ping」指令，預設會發出四個要求（request），遠端主機收到要求後會傳 4 個回應（response）給本機電腦，透過這些要求以及收到的回應來觀察兩端主機之間的連線狀況。

3.4

1. (A)　2. (D)　3. (A)　4. (D)　5. (D)

詳解

1. HTTPS 為 HTTP Over SSL 協定，SSL 協定使用 443 埠號。

2. 透過 SMTP 協定傳信，使用 25 埠號。以 DNS 辨識郵件位址 test.edu.tw 的 IP 位址，使用 53 埠號。
3. (B) 無國域名稱，係在美國申請；(C) URL 中並沒有 DHCP 通訊協定；
   (D)「gov」為政府機構網站。
4. (A) edu 為教育單位；(B) idv 為個人；(C) gov 為政府單位。
5. 「ICANN」為全球網域名稱及 IP Address 發放的管理機構。

3.5

1. (D)　2. (B)　3. (D)　4. (C)　5. (D)　6. (B)

詳解

4. ATM 速度比三條 T3 專線來得快。
5. Adobe CC、Google Docs 這些線上應用軟體，屬於 SaaS（軟體即服務）。
6. Apple Store 屬於 PaaS, Google Docs 屬於 SaaS。

3.6

1. (C)　2. (B)　3. (A)　4. (D)　5. (D)　6. (C)　7. (B)　8. (D)

3.7

1. (A)　2. (C)　3. (D)　4. (A)　5. (B)　6. (D)　7. (D)　8. (B)　9. (C)　10. (C)

3.8

1. (C)　2. (D)

4.1

1. (D)　2. (B)　3. (B)　4. (A)　5. (D)　6. (B)　7. (C)　8. (D)　9. (C)　10. (D)
11. (D)　12. (C)　13. (C)　14. (D)　15. (C)　16. (C)　17. (C)　18. (C)　19. (B)　20. (D)

詳解

18. 作業系統預設未提供視訊剪輯平台，一般視訊剪輯會使用 CapCut、Cyberlink PowerDirector（威力導演）等應用軟體。
19. Microsoft Windows 作業系統通常安裝儲存在輔助記憶體中，當開機執行時，作業系統會被載入到主記憶體（RAM）。

4.2

1. (C)　2. (D)　3. (A)　4. (B)　5. (B)　6. (B)　7. (A)　8. (A)　9. (B)　10. (C)

詳解

3. 「EULA」為軟體的使用者授權規定，用以制訂使用者在軟體上的使用範圍與限制，並非用以規範自帶設備所應遵守的事項。

5.1

1. (C)　2. (B)　3. (D)　4. (A)　5. (D)　6. (A)

詳解

2. TLS 混合使用公鑰及私鑰加密法。

5.2

1. (D)　2. (C)　3. (D)　4. (D)　5. (B)　6. (B)　7. (B)　8. (C)　9. (D)
10. (C)　11. (B)　12. (D)　13. (A)　14. (D)　15. (D)　16. (D)　17. (B)　18. (C)
19. (C)　20. (D)　21. (D)　22. (B)　23. (B)　24. (C)　25. (A)

詳解

6. (A)WPA3 並不會因為硬體過熱而直接影響速度。

(B)WPA3 相較於舊的 WPA2 和 WEP，使用了更強的加密技術和密碼簡化交換協議（SAE），雖然這些新技術可以提供更強的安全性，但也會對計算能力造成更大的需求，從而可能對網路速度造成一些影響。尤其在硬體較老或處理能力有限的設備上，這種情況可能更為明顯。

(C)WPA3 並不影響網路速度，影響網速主要是由 ISP 提供的網速頻寬和路由器的性能決定的。

(D)WPA3 相較於舊的技術，採用了更強的加密方法，包括「前向安全性」，並且 SAE 提供了更好的防禦措施來抵抗暴力破解攻擊。

notes

書　　　名	最新電腦網路概論與實務 含MCT國際認證：網路原理與應用(Specialist Level)
書　　　號	PB504
版　　　次	2017年9月初版 2025年2月二版
編 著 者	李保宜
責 任 編 輯	李奇蓁
校 對 次 數	8次
版 面 構 成	楊蕙慈
封 面 設 計	楊蕙慈

國家圖書館出版品預行編目資料

最新電腦網路概論與實務

含MCT國際認證：網路原理與應用(Specialist level) /
李保宜編著. -- 二版. --
新北市：台科大圖書股份有限公司, 2025.02
　　面；　公分
ISBN 978-626-391-386-8(平裝)

1.CST: 電腦網路

312.16　　　　　　　　　　　　　114000052

出 版 者	台科大圖書股份有限公司
門 市 地 址	24257新北市新莊區中正路649-8號8樓
電　　　話	02-2908-0313
傳　　　真	02-2908-0112
網　　　址	tkdbook.jyic.net
電 子 郵 件	service@jyic.net
版 權 宣 告	**有著作權　侵害必究** 本書受著作權法保護。未經本公司事前書面授權，不得以任何方式（包括儲存於資料庫或任何存取系統內）作全部或局部之翻印、仿製或轉載。 書內圖片、資料的來源已盡查明之責，若有疏漏致著作權遭侵犯，我們在此致歉，並請有關人士致函本公司，我們將作出適當的修訂和安排。
郵 購 帳 號	19133960
戶　　　名	台科大圖書股份有限公司 ※郵撥訂購未滿1500元者，請付郵資，本島地區100元／外島地區200元
客 服 專 線	0800-000-599
網 路 購 書	勁園科教旗艦店　博客來網路書店　勁園商城 蝦皮商城　　　　台科大圖書專區
各服務中心	總　　公　　司　02-2908-5945　　台中服務中心　04-2263-5882 台北服務中心　02-2908-5945　　高雄服務中心　07-555-7947 線上讀者回函 歡迎給予鼓勵及建議 tkdbook.jyic.net/PB504

MCT 元宇宙應用國際認證
Metaverse and Communication Technology Certification

📋 MCT 認證 簡介

在技術不斷進步的現代社會中，對於掌握數位新趨勢的人才需求與日俱增。MCT 元宇宙應用國際認證為學習者提供了一個涵蓋計算機基礎、資訊科技以及虛擬實境（VR）、擴增實境（AR）、區塊鏈、人工智慧等元宇宙的學習體系。此認證的目標是培育能夠理解並應用這些關鍵知識與技術的專業人才，以適應不斷變化的數位工作環境，並在職業生涯中追求進步和創新。

MCT 證書樣式

📋 MCT 認證 考試說明

科目	等級	題數	測驗時間	題型	滿分	通過分數	評分方式
MCC 元宇宙綜合能力 Metaverse Comprehensive Capability	Specialist	40 題	30 分鐘	是非題 單選題	1000 分	700 分	即測即評
	Expert	50 題	40 分鐘	是非題 單選題	1000 分	700 分	即測即評
NFA 網路原理與應用 Network Fundamentals and Applications	Specialist	50 題	40 分鐘	單選題	1000 分	700 分	即測即評

📋 MCT 認證 考試大綱

科目	等級	考試大綱
元宇宙綜合能力	Specialist	• Future Technology and Applications 未來科技技術與應用 • Introduction to the Metaverse 元宇宙簡介 • Web 3.0 Fundamentals • Introduction to Augmented Reality (AR) Technology 實境技術簡介 • Augmented Reality (AR) Technology Hardware Equipment 實境技術硬體設備
	Expert	• Future Technology and Applications 未來科技技術與應用 • Introduction to the Metaverse 元宇宙簡介 • Web 3.0 Fundamentals • Introduction to Augmented Reality (AR) Technology 實境技術簡介 • Augmented Reality (AR) Technology Hardware Equipment 實境技術硬體設備 • Blockchain Fundamentals and Cryptography 區塊鏈原理與密碼學 • Blockchain Applications and Non-Fungible Tokens (NFTs) 區塊鏈應用與 NFT • Introduction to Artificial Intelligence 人工智慧簡介 • Artificial Intelligence Data Analysis and Applications 人工智慧資料分析與應用 • Digital Twin Fundamentals and Applications 數位分身原理與應用
網路原理與應用	Specialist	• Principles of Computer Networks 電腦網路原理 • Computer Network Architecture 電腦網路架構 • Computer Network Applications 電腦網路應用 • Computer Software and Hardware Maintenance and Security Protection 電腦軟硬體維護與安全防護 • Encryption Technology and Network Attacks 加密技術與網路攻擊

MCT 認證 證照售價

產品編號	產品名稱	級　別	建議售價	備　註
PV981	MCT 元宇宙應用國際認證 (元宇宙綜合能力)- 電子試卷	Specialist	$1200	考生可自行線上下載證書副本，如有紙本證書的需求，亦可另外付費申請　紙本證書費用 $600
PV991		Expert	$1200	
PV971	MCT 元宇宙應用國際認證 (網路原理與應用)- 電子試卷	Specialist	$1200	

MCT 認證 官方教材

元宇宙與計算機概論：Web 3.0 x 人工智慧 x 區塊鏈 x VR/AR x 數位分身 x 虛擬展廳
含 MCT 元宇宙應用國際認證 - Metaverse Comprehensive Capability
（Specialist Level、Expert Level）- 最新版 - 附 MOSME 行動學習一點通：評量．詳解．擴增
書號：PB352
作者：盧希鵬 主編　蕭國倫 李啟龍 陳鴻仁 姜琇森 著
建議售價：$680

最新電腦網路概論與實務 - 含 MCT 國際認證：網路原理與應用 (Specialist Level) -
附贈 MOSME 行動學習一點通 - 最新版 (第二版)
書號：PB504
作者：李保宜 著
建議售價：$400

※ 以上價格僅供參考 依實際報價為準

台灣區總代理
JYiC 勁園科教 www.jyic.net

服務專線：02-2908-5945 或洽轄區業務
歡迎辦理師資研習課程